U0284797

数学圈丛书 MATHEMATIC CIRCLES | 湖南科学技术出版社

巧合

Fluke:
The Math and Myth
of Coincidence

【美】约瑟夫·马祖尔 Joseph Mazur——著

李枚珍——译

欢迎你来数学圈

欢迎你来数学圈，一块我们熟悉也陌生的园地。

我们熟悉它，因为几乎每个人都走过多年的数学路，从1、2、3走到6月6（或7月7），从课堂走进考场，把它留给最后一张考卷。然后，我们解放了头脑，不再为它留一点儿空间，于是它越来越陌生，我们模糊的记忆里，只有残缺的公式和零乱的图形。去吧，那课堂的催眠曲，考场的蒙汗药；去吧，那被课本和考卷异化和扭曲的数学……忘记那一朵朵恶之花，我们会迎来新的百花园。

"数学圈丛书"请大家走进数学圈，也走近数学圈里的人。这是一套新视角下的数学读物，它不为专门传达具体的数学知识和解题技巧，而以非数学的形式来普及数学，着重宣扬数学和数学人的思想和精神。它的目的不是教人学数学，而是改变人们对数学的看法，让数学融入大众文化，回归日常生活。读这些书不需要智力竞赛的紧张，却要

一点儿文艺的活泼。你可以怀着360样心情来享受数学，感悟公式符号背后的理趣和生气。

没有人怀疑数学是文化的一部分，但偌大的"文化"，却往往将数学排除在外。当然，数学人在文化人中只占一个测度为零的空间。但是，数学的每一点进步都影响着整个文明的根基。借一个历史学家的话说，"有谁知道，在微积分和路易十四时期的政治的朝代原则之间，在古典的城邦和欧几里得几何之间，在西方油画的空间透视和以铁路、电话、远距离武器制胜空间之间，在对位音乐和信用经济之间，原有深刻的一致关系呢？"（斯宾格勒《西方的没落·导言》）所以，数学从来不在象牙塔，而就在我们的身边。上帝用混乱的语言摧毁了石头的巴比塔，而人类用同一种语言建造了精神的巴比塔，那就是数学。它是艺术，也是生活；是态度，也是信仰；它呈现多样的面目，却有着单纯的完美。

数学是生活。不单是生活离不开算术，技术离不开微积分，更因为数学本身就能成为大众的生活态度和生活方式。大家都向往"诗意的栖居"，也不妨想象"数学的生活"，因为数学最亲的伙伴就是诗歌和音乐。我们可以试着从一个小公式去发现它如小诗般的多情，慢慢找回诗意的数学。

数学的生活很简单。如今流行深藏"大道理"的小故事，却多半取决于讲道理的人，它们是多变的，因多变而被随意扭曲，因扭曲而成为多样选择的理由。在所谓"后现代"的今天，似乎一切东西都成为多样的，人们像浮萍一样漂荡在多样选择的迷雾里，起码的追求也失落在"和谐"的"中庸"里。但数学能告诉我们，多样的背后存在统一，极致才是和谐的源泉和基础。从某种意义说，数学的精神就是追求极致，它永远选择最简的、最美的，当然也是最好的。数学不讲圆滑的道理，也绝不为模糊的借口留一点空间。

数学是明澈的思维。在数学里没有偶然和巧合，生活里的许多巧合 —— 那些常被有心或无心地异化为玄妙或骗术法宝的巧合，可能只是数学的自然而简单的结果。以数学的眼光来看生活，不会有那么多的模糊。有数学精神的人多了，骗子（特别是那些套着科学外衣的骗子）的空间就小了。无限的虚幻能在数学中找到最踏实的归宿，它们"如龙涎香和麝香，如安息香和乳香，对精神和感观的激动都一一颂扬"（波德莱尔《恶之花·感应》）。

数学是浪漫的生活。很多人怕数学抽象，却喜欢抽象的绘画和怪诞的文学，可见抽象不是数学的罪过。艺术家的想象力令人羡慕，而数学家的想象力更多更强。希尔伯特说过，如果哪个数学家改行做了小说家（真的有）——，我们不要惊奇——因为那人缺乏足够的想象力做数学家，却足够做一个小说家。略懂数学的伏尔泰也感觉，阿基米德头脑的想象力比荷马的多。认为艺术家最有想象力的，是因为自己太缺乏想象力。

数学是纯美的艺术。数学家像艺术家一样创造"模式"，不过是用符号来创造，数学公式就是符号生成的图画和雕像。在数学的比那石头还坚硬的逻辑里，藏着数学人的美的追求。

数学是自由的化身。唯独在数学中，人们可以通过完全自由的思想达到自我的满足。不论是王摩诘的"雪中芭蕉"还是皮格马利翁的加拉提亚，都能在数学中找到精神和生命。数学没有任何外在的约束，约束数学的还是数学。

数学是奇异的旅行。数学的理想总在某个永恒而朦胧的地方，在那片朦胧的视界，我们已经看到了三角形的内角和等于180度，三条中线总是交于一点且三分每一条中线；但在更远的地方，还有更令人惊奇的图景和数字的奇妙，等着我们去相遇。

数学是永不停歇的人生。学数学的感觉就像在爬山，为了寻找新的山峰不停地去攀爬。当我们对寻找新的山峰不再感兴趣时，生命也就结束了。

不论你知道多少数学，都可以进数学圈来看看。孔夫子说了，"知之者不如好之者，好之者不如乐之者。"只要"君子乐之"，就走进了一种高远的境界。王国维先生讲人生境界，是从"望极天涯"到"蓦然回首"，换一种眼光看，就是从无穷回到眼前，从无限回归有限。而真正圆满了这个过程的，就是数学。来数学圈走走，我们也许能唤回正在失去的灵魂，找回一个圆满的人生。

1939年12月，怀特海在哈佛大学演讲《数学与善》中说，"因为有无限的主题和内容，数学甚至现代数学，也还是处在婴儿时期的学问。如果文明继续发展，那么在今后两千年，人类思想的新特点就是数学理解占统治地位。"这个想法也许浪漫，但他期许的年代似乎太过久远 —— 他自己曾估计，一个新的思想模式渗透进一个文化的核心，需要1000年 —— 我们希望这个过程能更快一些。

最后，我们借从数学家成为最有想象力的作家卡洛尔笔下的爱丽丝和那只著名的"柴郡猫"的一段充满数学趣味的对话，来总结我们的数学圈旅行：

"你能告诉我，我从这儿该走哪条路吗？"

"那多半儿要看你想去哪儿。"猫说。

"我不在乎去哪儿 ——"爱丽丝说。

"那么你走哪条路都没关系，"猫说。

"—— 只要能到个地方就行。"爱丽丝解释。

"噢，当然，你总能到个地方的，"猫说，"只要你走得够远。"

我们的数学圈没有起点，也没有终点，不论怎么走，只要走得够远，你总能到某个地方的。

李　泳

2006年8月草稿

2019年1月修改

　　我的叔叔赫尔曼曾经将一年的《玄学》课程浓缩为简单的一句话："世间万物皆有定数。"他在我人生极易受影响的阶段给了我很多教诲，当时我其他的叔叔们（即赫尔曼的弟弟）正教我如何看赛马消息，希望我日后也能加入家中的赌马活动。我那时刚满10岁，无法理解赫尔曼叔叔的精辟箴言。多年来这句话在我的脑海中如同录像带不停地循环播放，直到我长大成人才开始慢慢理解这句话的含义。孩提时我经常质问，为什么会发生这样的事情，而不是那样的事情，像绝大多数孩子一样，在不断地质问"如果……"的过程中我们找到了答案。

　　赫尔曼叔叔的弟弟杰克在高中一次拳击比赛中不幸失去知觉。他的后半生伴随着头痛和某种精神紊乱，情形非常严重，要到精神病院接受治疗。每周他都要去玄武石公园（过去称为新泽西州精神病院）接受电休克治疗。这种治疗方法光听名称就足以让人害怕，先在患者头皮贴上金属片，然后通电电击。杰克的后半生每周都要忍受这种电击痛苦。我们只能凭空想象这一可怕的经历是怎样一个过

程。"这种折磨就像被百万只大黄蜂不停地蛰。"杰克说道。虽然每次电击不超过一纳秒,但回忆起来会让人颤抖不已。

除了他麻子脸上扎人的胡子,我非常喜欢杰克叔叔。他脸上常常挂着温暖真诚的笑容,他有很多非常有趣的笑话和历险故事 —— 听起来像真的一样。

10岁的我经常想象杰克叔叔的各种"如果",似乎那次拳击比赛是造成他所有异常的真正原因,似乎我能让时光倒流,让我最爱的叔叔恢复到正常生活。如果那天他生病了没去上学会怎样呢?如果他的对手那天不舒服会怎样呢?又如果杰克首先将对方击倒又会怎样呢?两件特殊的事情刚好在同一时间发生。当然,生活中经常会发生这样的事情。但对手刚好在杰克头部护具没戴好时给了他直接一击。护具太低,却又没来得及调整!

孩提时代的我经常抱有这种幻想,希望能改变这些不愉快的事情,但在我13岁生日前夕发生了一件令人伤心的事。那天我骑着兰令三速变速车放学回家,经过一条破烂的水泥人行道时,一块石子击中自行车前轮,反弹到停在路边的汽车门上。我刹车,回头查看是谁扔的石头。就在那一刻我眼前的世界突然变成一片红色。我的眼睛仍能看见!但我的大脑似乎被吓蒙,还没对看到的现象进行信息加工。透过从我的眼皮上涌现出来的鲜血,我看到街对面一个男孩正准备继续扔石子。他好像不知道已经伤到我的眼睛。我大叫了一声,对刚才发生的一切还没完全明白就倒在了人行道上。接下来发现自己躺在了医院,左眼被绑上了纱布,并得知左眼很可能要瞎了。那些"如果"像树藤一样缠绕着我的思想,多年后我才慢慢平复。我不知所措地转向妈妈,她耐心地安慰我,说我还算运气好,那块石子没有击到我的颅骨,否则我的大脑会失去知觉。

"石子真的会使我的大脑失去知觉吗?"我问妈妈,好像她了解神经系统科学一样。

"当然是的。"妈妈回答。我对此深信不疑。

　　然而想到我可能怎么努力也无法恢复左眼的视力，妈妈的安慰并没有阻止我"如果"的疯狂念头。如果石子飞行的角度偏离一度结果会怎样？如果我没有停下来环顾四周会怎样？如果第一块石子没有击中前轮会怎样？几年过去了，我逐渐明白，不幸是生活留下的痕迹。如同脸上的皱纹是峥嵘岁月的真实写照，犹如走路留下的印记。生活本来充满着无数的机缘巧合，有的通向成功，有的通向失败，有的通向不幸，有的通向快乐。在前方的道路上我们永远不知道会发生什么。在充满机缘巧合的人生十字路口，我们的决策决定了我们的命运，面对复杂的生活，我们最大化我们的快乐，尽量减少失败。

　　巧合成就了许多壮举。我们将这些视为惊人之举，惊叹它们的罕见，尽管其中许多事件可以用数理统计来说明，我们却会忽视任何合理的解释。在任何社交场合当你听到巧合的故事，你都会全神贯注。为什么？因为在这浩瀚的宇宙当中，它向我们传递着一种包括人类在内的强烈的关联性，鼓舞着我们去证明它们的重要性，以验证我们对个性的渴望。

　　本书汇集了大量奇妙而怪异的经历和故事，提醒我们世界很大，但有时却很小。内容包括运用数学统计方法分析故事的可能性和巧合频率的属性，解释了惊人巧合背后的真相；回顾了运用数学工具分析随机性的早期发展，让读者逐渐明白巧合是大千世界中诸多随机性的结果。本书的中心理念是：在大千世界中，如果某件事情有可能发生，则不管可能性多小，它必定在某个时间发生。

　　下面的两个经典的数学问题可以采用合适的数学方法来分析巧合。一个是反常理题：生日问题，以任意23人为一组，其中两人同一天生日的可能性超过50%；另一个是猴子问题：猴子随意敲打电脑键盘上的键，假如给予足够的时间，它是否能敲出莎士比亚十四行诗的第一行？这两个问题，加上巨数法则和隐变量理论，向我们展示了为什

么巧合发生的频率远远高于我们预期。巨数法则是一个哲学术语，也是本书的核心理论。简而言之，它告诉我们，如果某件事有可能发生，不管可能性有多小，它必然会在某个时间发生。这不是一个能被证明的原理。别忘了，我用了"必然发生"这个模糊的字眼。但是它却道出了巧合的普遍性。

本书分为四个部分：第一部分向读者展示了10个有关巧合的故事，让读者思考，接着论述巧合事件的概率。每个故事都具有代表性。第二部分是理解本书核心理念所必需的数学知识。第三部分回到第一部分的10个最具代表性的故事，分析故事发生的概率，指出绝对随机理论不同于现实生活中所说的绝对随机性。第四部分给出了一些有趣但难以解释的巧合案例供读者思考，如悲剧故事中犯罪分子留下的DNA证据，侥幸的科学突破，变幻莫测的市场行情，超感知觉（ESP）奇迹，小说或民间故事中的巧合桥段等。第四部分中的每一章都互相独立。

当您看到书的最后，您会再次审视这些巧合故事的奇妙之处，它们是如何发生的，又是如何保护这些奇迹的。本书不仅向读者展现这些巧合故事背后的惊喜，解释巧合发生的原因，它还将改变我们看待事物的方法。日常生活中各种事件并不是平白无故地发生，各种事件背后有着千丝万缕的关联，只是我们没有发现。任何单个事件的发生都是许多其他事件的结果，其中的理论我们无法理解。因此，尽管我运用数学来解释生活中发生的巧合，但当科学的解释证据不足时，我往往也相信"命运"，承认有时会相信浩瀚的宇宙之上有一双无形之手在控制着一切，而我们无法解释。

我承认我的确想要粉碎巧合很罕见这一看法，但我的本意并不是要毁坏故事的神秘性和魅力。如果我破坏了您的美好气氛，请原谅，我只是从一个数学家的角度来分析。我不想破坏精彩的故事。您可以和我辩论命运或侥幸这一问题，甚至可以说服我，让我相信，我们对宇宙的了解程度不足以确定巧合是否是冥冥之中由某种命运决定。我甚至可能同意您所说的，从定义上来说，侥幸没有对发生的事情给予合理的解释。但是数学是真实而明确的。巧合的发生比我们想象的要多得多，主要是因为我们生活的世界比我们想象的要大，70多亿人口每一秒钟做的决定将会导致大量各种相关的结果，而这一数字大到我们难以估量。呈现在我们面前的宇宙看似杂乱无章，巨大而复杂，其中发生的"不可能"的事件只是由于可能性太多，且我们太多人都参与了这些可能。事情碰巧发生了，没有任何明显的原因，不过"明显"一词意思微妙，它的含义很难确定。

每个人都有巧合的经历。我的经历称得上巧合仅仅是因为这对我来说太过重要。我和我的妻子相识于1969年的"暂停正常活动日"，那天成千上万的人拥挤在波士顿公园。我对这一邂逅非常吃惊，这是我人生非常重要的关键时期。生活中的这种巧合迫使我们去想"如果"：如果在前往波士顿公园的游行中我停下来系鞋带，200个游行者超过我走到我前面，事情会怎样？如果我走到公园朝东多走了10码，事情又会怎样？但是这真的是巧合吗？抑或只是我的后知后觉呢？

在引言中，"巧合"这一词至此我使用了20多次，意指偶然发生的事件，或更狭义地说，指人或物在时间和空间中的聚合。到目前为止，我一直认为这个词的含义不言自明，但为了更准确地了解，让我们看看下面给出的定义：

Coincidence（巧合）：名词。指两种或两种以上相关联的事件或情形同时发生，却相互之间没有明显的因果联系。[1]

不过这个词作为口语使用时往往没有惊讶之意，且事件发生的原因不明显。在本书中，巧合必须包含惊讶的意思，如果有原因，这个原因也必须不明显。巧合带来的惊讶与隐藏的原因密切相关。这里的"不明显/隐藏的原因"指公众不知道的原因。巧合的确有原因。于是出现了相对性的问题：谁不知道这个原因？本书中的公众指经历过巧合的人，以及听说过这种巧合故事的人。

侥幸与巧合意思相近，只是它不包含惊讶和明显的原因。

Fluke（侥幸）：名词。指行为带来的意外收获或结果：一次好运或霉运。[2]

Serendipity（走运）：名词。指偶然发生的令人愉快或受益的好事情，仅限于指积极的事件。

几乎所有的故事都包含在某个时间发生的一系列事件——人和物的相遇。俄狄浦斯（希腊神话人物）在去底比斯的路上杀了一个人，之后经过一连串的事件，他和他的母亲发生了性关系。这之间明显的原因是什么？就是这一连串因果关系明显的事件。值得注意的是，每一个巧合都由一系列因果关系明显的事件构成，现实生活也是如此。

文学家尼尔·福西斯是洛桑大学的名誉教授。他将巧合称为一系列的"意外之喜"。[3]这里他所指的是狄更斯小说中的巧合，但现实生活中的巧合也是这样。它源自我们内心深处的一种强烈需求和愿望——想要清楚了解不相关事件之间的关系，这也是人类了解未知世界，自我保护的非常重要的一点。

对于诸多令人惊讶至极的巧合，其中的原因隐藏得太深，或许我们无从知晓。我们更容易相信它们就是意外之喜，这听起来更舒服，对未来更加充满希望，而不认为这是计划之中的事情。不管怎样，它们的确使我们更快乐。

$1^3 + 5^3 + 3^3$之和碰巧等于153。这是巧合吗？原因不明显，即使数学家也看不出明显的原因。很可能这之间根本没有因果关系。再看看下面这串随意的60个数字：

458391843333834534555555555555
185803245032174022234935499238

　　我们可能对这组数字中间一连串的5产生疑惑。这些5可能是大家讨论的热点，但数学告诉我们用不着这么吃惊。它甚至预测，这种一连串相同数字的出现比我们想象的更有规律。

　　巧合无所不在。关键在于我们是否注意到。就在我写这个引言之前，我正用吸尘器清扫词典上的灰尘。这本词典很厚，有2262页，我的吸尘器贴得非常近。像往常一样，为了保护厚厚的词典，我将吸尘器口放在了词典靠后点的页数。突然词典的整页被吸入了吸尘器。我安慰自己："我真的需要这第2072页吗？很可能不需要呢。"不到一个小时，我拿起词典找serendipity（走运）这一词条。你可以想到这个词在哪一页。当你在写关于巧合的书时，你比任何时候都能意识到它的存在。

目 录

巧合
2

第一部分　奇闻异事

巧　合

这是一个真实的故事
故事的开端新颖独特，闻所未闻
接着我们惊奇地发现
它与大千世界中的事物有着极大的相似
我们困惑不解
或许这只是我们认为的巧合
但如果不是呢？

——约瑟夫·马祖尔

　　生活充满着期待、喧闹和快乐，但奇妙的巧合给我们无尽的欢喜。下面将向您讲述几个故事，让您感受到世界很大，但有时也很小，接着将区分侥幸和巧合这两个概念。在了解了一定的理论知识，能够阐释其中隐藏的原因之后，第三部分我们将再次回到这些故事。

第一章

意外时刻

邂 逅

茫茫人海中，
多少次我们曾不期而遇，
却从未想过彼此是谁？
又为什么相遇？

—— 约瑟夫·马祖尔

还记得曾在巴黎或孟买的异地街头散步时偶遇多年未见的老朋友的情景吗？那位老朋友当时在干什么呢？还记得你正想着某事，结果事情突然如你所愿的时刻吗？还记得度假时由于时间出错而步步错的倒霉时刻吗？还记得遇到和你同一天生日的陌生人的惊讶瞬间吗？想起这些时刻你一定会突然觉得宇宙中这种同时发生的事情很奇妙，认为你所处的地方很神奇。你会认为，茫茫宇宙中有少数几个人，或者只是你成为宇宙的中心。

你是否曾经拿起电话想和一年都未联系的朋友打电话，正欲拨号时电话那头却传来了他的声音？我1969年就遇到过这样的事情，现在回想起来还是觉得不可思议。毕竟今年一年，365天都没有发生过这样的事情。再往前算头一年也没发生过这样的事情。从那以后到现在也再未发生过这种事情。我们现在来谈谈这种巧合。

设想你现在正坐在克里特岛的圣尼古拉斯一家咖啡馆喝咖啡，突然附近桌边传来一阵熟悉的笑声。你转过头去看到一位男士。简直难以置信，坐在那里的竟是你的亲哥哥！没错！的确是你的亲哥哥！他

转过头来和你一样惊讶。这是1968年发生在我身上的事情。我们都不知道彼此当时不在纽约或波士顿的家里。

再设想一下。你正在外地一家书店翻阅二手书，突然发现了一本你儿时就记得的书。你打开书发现上面有你写的字。这本书叫《白鲸记》，书的扉页上写有你的名字，整本书中还有你在空白处的涂鸦。这本书是你大学时候买的。这是我一个朋友告诉我的。他当时刚好在爱荷华州迪比克市的一个二手书店闲逛。他以前从未去过迪比克市。[4]

1976年，我带着我的太太及两个孩子在苏格兰旅游，在一个下雪天，在佩尼库克小镇上我们的沃克斯豪尔车坏了。镇上只有一个修理厂，师傅告诉我们是发电机出问题了，需要三天才能修好。我们前往最近的酒吧，希望在那里度过一个晚上。酒吧老板话不多，但一听说我们来自美国时，他马上兴奋地说："下周会有一位美国人来唱歌。你可能会认识她，我不知道她的名字，但楼下有海报。"他带我们来到海报前，上面写着：玛格丽特·麦克阿瑟将举办土豆之夜音乐会。[5]

"玛格丽特·麦克阿瑟！"我和我太太同时尖叫起来，"她是我们的邻居。我们和她很熟！"

酒吧老板点点头，面无表情地嘟哝着："想着你们会认识。"

世界还真是小。

我们常常会被这种不可思议的巧合所打动。他们之所以会成为关注的焦点，是因为在这孤独的数字化时代，我们想要融入这个世界，并从中找到自我、认同感和意义，认为我们的部分生活冥冥之中自有定数。面对深不可测的浩瀚宇宙，想到我们比预想的更加相互关联，或者宇宙冥冥之中自有安排，这会让我们深感安慰。

这些巧合留给我们的问题是：宇宙中是否存在什么东西足以干扰

时空，从而引发这些巧合，掩盖了其中的原因呢？有些人质疑是否存在超自然联系。有人提出宇宙的同一性，认为它有一种我们无法意识到的能量，这种能量能改变我们的行为模式，能认知我们无从了解的事物。

西方人认为这是因果关系所致。19世纪的西方因果关系论严格遵循经典物理学观点，认为自然法则支配物质世界的一切运动和相互作用。如果能确切地了解现在状态的变量，就能全部预测未来。换句话说，对未来的预知依靠我们对过去和现在的认知。然而，到20世纪早期，随着量子力学的出现，西方哲学观彻底发生了转变。他们认为，在量子世界，看得见的物体受看不见的事件驱动，量子世界受简单而奇妙的规则支配。其中一条规则是：所有粒子不能自己选择路径。每一颗粒子必须听从命令，有可能分配到任何一条路径。根据量子力学观点，可预见性仅限于物体将有可能以某种状态出现在每条路径的某个地方。换句话说，仔细观察过去发生的事情只能提供给我们未来可能发生的事件的模糊概率。

当然，我们经常会问，是什么原因促使他选择前方的路。我们谈论的不是某物体的物理力学路径。亲爱的读者，您为什么选择阅读这本书呢？您的回答可能与经典物理学，或物体路径，或新物理学无关。《巧合》这本书与我们的决策、选择的路径等有关。人类的决策是一种自由意志，和相对论或量子力学没有关系，不过往往会产生很深的外在影响。我们选择了一条路径，其他人也选择了这条路径。接着我们相遇了，这显然没有什么原因可讲。"显然"指的是要求看得见的物体在可见的路径上运行。因此，除非两个独立的个体通过脑电波联系，否则自由意志战胜了所有量子的影响。

但是对这个问题东方人也有他们的解释。例如，中国道教认为"正言若反"。在道教思想中虚无也是整体的一部分。一块石头通过削掉部分后可成为一件雕刻品。这无疑是一种不同的思维方式。道教思想和神学对世界有不同的认知。神学认为，从生物体细胞到矿物质的

亚原子粒子，世间万物都由上帝创造，只有上帝允许，才能打破因果法则。道教认为巧合是所有事件相互作用的结果，因此世间所有事物之间都有某种关系，包括各种因果关系和表象。换句话说，世间没有侥幸一说。但道教也认为万物的背后隐藏着合理性。至今已有2500年之久的《道德经》上说：

天网恢恢，疏而不失。[6]

正如整体的各部分和谐共处，世间万物也如一个整体般相互关联，并听从整体的控制。

美国诗人沃尔特·惠特曼也曾认为，我们和世间万物相互联系，道德迫使我们无意识地遵从这一联系。他在《民主远景》中写道：

在茫茫宇宙中，千变万化的气象中，所有矿物、植物和动物世界中——人类一切的生长和发展，各种族在政治、宗教、战争等的历史长河中，在这一切的背后隐藏着一个看得见或看不见的道德目标……这个目标满足了万物的要求……代表了万物这一整体，整体和永恒，像一艘战舰，坚不可摧，一路向前，通往世界每一个角落。[7]

第二章

诸多有趣的巧合

在历史长河中是什么使来自四面八方的人奇妙地聚集在一起呢？

—— 查尔斯·狄更斯《荒凉山庄》[8]

当我们离开家门，可能会遇到很多事情。每件事情发生的概率可能很小，但当我们把它们罗列在一起，计算它们其中某件事发生的概率，这个概率将会上升。我们从众多故事中挑选了以下10个，它们很好地体现了10个特征类别。这10个故事分三部分讲述。

故事1：电影《傻妹闯情关》
特征：失去的东西不太可能再找回来。意外被找回，是因为有人刻意在寻找

最著名的巧合之一是演员安东尼·霍普金斯的经历。霍普金斯在电影《傻妹闯情关》中饰演克斯特亚。一天拍完电影后他花了很长时间在查宁十字路口附近的书店寻找小说《傻妹闯情关》。找寻无果正准备回家时，无意中在地铁站的长凳上看到这本书。这不是一本普通的《傻妹闯情关》，而是原作者乔治·菲佛丢失的那本。

这真是不可思议。我不得不承认这个情节有悖于任何巧合概率理论，祝贺编剧，他用不着给出任何解释。但事实上这一情节并没有逃脱分析。乔治·菲佛本人向我讲述了这个真实的故事：为了出版《傻妹闯情关》英国版，他用一本《傻妹闯情关》美国版做标记，以便标出需要翻译成英式英语的地方。他将译稿交给了英国出版商，留下这本美国版继续检查。一天在海德公园广场，乔治·菲佛遇到一位朋友，他将这本标记过的美国版《傻妹闯情关》送给了这位朋友。恍惚中这

位朋友将这本书搁在了车顶。由于他和一个女孩的约会要迟到了,这位朋友快速地开车走了。霍普金斯在拍摄场地见到菲佛时告诉他,他就是在海德公园广场附近的一个地铁站发现这本书的。我给霍普金斯写信求证此事。可想而知他没有回复。

故事2:《雪人情缘及其他故事》
特征:意外发现熟悉的私人物品

类似的故事涉及作家安妮·帕里什。根据最初的讲述(与网络上流传的迥然不同),1929年6月,在一个晴朗的周日,安妮和她的实业家丈夫查尔斯·阿尔伯特·科里斯参加完巴黎圣母院的弥撒,去逛了逛飞禽市场,然后在双偶咖啡馆用午餐。查尔斯酒还没喝完,安妮就独自一人到塞纳河畔的书摊边闲逛。她经常会花几个小时在书摊上翻找。那天她发现了海伦·伍德的《雪人情缘及其他故事》。和书商一番砍价后安妮以1法郎成交。她手里抓着书,激动地飞奔着去找还在喝酒的丈夫,告诉他这是她孩提时最喜欢的书籍之一。丈夫慢慢地翻看着,翻到空白扉页处,沉默了一会儿后拿给安妮看,只见扉页上留着稚气而笨拙的铅笔笔迹"安妮·帕里什,科罗拉多州科泉市韦伯东街209号"。[9]这正是她小时候的书。[10]

故事3:《摇椅的故事》
特征:要求时间空间合理精确,不是偶遇

说起巧合非此莫属了。我无法迫使它发生。这是多年前我的经历。当时我的太太怀孕,她姑姑告诉她必须为新生儿买一张摇椅。太太寄出了支票。我的哥哥曾经有一张很好的摇椅,我太太和我在坎布里奇看到了同一款。这款摇椅很宽,设计如摇床,黑色的轴轮轻巧无比,后背很高。但摇椅没货,于是我们让店家到货时将摇椅送到坎布里奇的哥哥家。我们下次来看哥哥时再带回福蒙特州。几周后我哥哥和嫂子在家举办聚会。一位客人坐上摇椅,身下的椅子突然崩塌。哥哥好生尴尬,他赶紧告诉客人不用担心。正在此时门铃响了,我们订的新

摇椅送来了。你可以想象聚会上大家的惊喜，我哥哥不失时机地安慰客人说："没关系，我们刚好订了一把新椅子"。

故事4：金色圣甲虫
特征：在不同时空里梦境成真

来自瑞士的精神病医师卡尔·荣格讲述过一件事。一位年轻的女病人曾向他讲述她梦见过金色圣甲虫。荣格说，"她在讲述她的梦时我刚好背靠窗户坐着，窗户是关着的。突然我听到背后传来轻拍的声音。我转过身去，看到一只飞虫从外面敲打窗玻璃。我打开窗户，抓住了飞虫。这是在我们当地能找到的和金色圣甲虫最接近的昆虫了，属于金龟子科甲虫"。[11]荣格继续说，"我们经常梦见从邮局寄给我们信件的人。有几次我甚至确定当我做梦时信件已经到了我的邮箱了"。[12]

故事5：弗朗西斯科和曼努埃尔
特征：在精确的时空中偶遇

有一次，我太太和我坐着一辆面包车行驶在一条蛇形公路上，抄近路穿过意大利撒丁区东部沿海丘陵科斯塔斯梅拉达，该丘陵位于清澈翠绿的第勒尼安海之上。我们的意大利司机不停地来回转头观测前方的危险弯道和后座上的乘客，并用手示意一路上的历史遗迹，每每这时我们吓得大气都不敢出。撒丁岛东北部沿海有一座风景如画的港口小城市奥尔比亚，我们在那里的一所意大利语言学校停留了一段时间。当天是周末。每个周末该学校就会带领学生们进行短途旅行，体验撒丁文化的魅力。司机是该学校的校长弗朗西斯科·马拉斯。

坐在前排的一个学生问起校长弗朗西斯科·马拉斯这个学校是什么时候怎么办起来的。

"呃……"他一边考虑怎么回答，一边左摇右摆地在蛇形公路上开车。"2010年，也就是三年前，我们刚开始创办这所学校时只有一名学生。"他右手不停地比划，左手抓着方向盘轻快地开着车，一副典型的意大利人样子。

后来我们了解到在学校开学第一天弗朗西斯科到狄帕兰酒店大堂迎接学校第一位学生曼努埃尔的过程。曼努埃尔来自马德里，到意大利短途旅游，计划乘船游览充满魅力的塔夫拉达岛。该岛离海约5千米，是一座顶部平坦的岩石岛。由于弗朗西斯科和曼努埃尔到达较早，游船迟到，于是他俩去了咖啡店，他们坐在那里用意大利语聊了一会。曼努埃尔谈到她在西班牙的家、工作、男朋友和兴趣爱好。弗朗西斯科介绍了他的语言学校。他想知道曼努埃尔为什么想学习意大利语，因为她的意大利语很好。[13]当他最后问曼努埃尔想通过学习意大利语达到什么水平时误会就解开了。

"学习意大利语？为什么？你认为我需要学习意大利语吗？"她问。

误会持续了好几分钟，最后弗朗西斯科才意识到这个曼努埃尔不是他要找的曼努埃尔。这个曼努埃尔碰巧在酒店大堂约了和一个叫弗朗西斯科的人见面！

于是他们俩回到酒店大堂，发现另一个弗朗西斯科正在对另一个曼努埃尔进行工作面试。碰巧这个工作不是她预期的，也不是她想要的。

为什么这个故事那么令人惊讶？因为它有具体的时间、地点和人物，故事中活生生的人让我们认为这似乎是真的。理智上来说，我们不会上当。我们知道在众多可能性中有这种可能，并且这种现象出现的概率还不小。

故事6：白化病出租车司机
特征：在不同时间和空间上的偶遇

　　这类故事比我们通常认为的要更常见。我们听过这类故事，有些人还亲身经历过。一位女士跟我讲了一个有趣的故事：有一天在芝加哥，她坐了一辆出租车，司机是一位白化病患者。三年后她在迈阿密又坐了这个司机的出租车。"这种可能性有多大？"她问我。不错，这个故事确实有趣，但我们来分析一下。出租车经常出入特定的邻近街区。这位女士是一家私人企业的总经理，经常在各大城市坐出租车。不患白化病的出租车司机辨识度不高。因此经常坐出租车的客人不会特意去注意是否认识司机，除非这个司机碰巧是白化病患者。当然，我们仍要承认这种偶遇的奇妙性，毕竟迈阿密和纽约相距2000千米之远。

故事7：葡萄干布丁
特征：与熟悉的物品有关

　　接下来我们讲述另外一个故事。门铃响了，来了一位意外访客。我听过这个故事，在尼古拉斯·卡米耶·弗拉马里翁著的《天启》中也看过其他几个故事。尼古拉斯·卡米耶·弗拉马里翁是20世纪初期法国的天文学家。[14]这类故事是两个巧合的叠加，首先来一个惊喜，然后再来一个惊喜。

　　弗拉马里翁告诉我们，是19世纪著名诗人埃米尔·德尚跟他讲的这个故事。德尚小时候在法国奥尔良寄宿学校读书，在那里遇到一位名叫福尔吉布的英国人。他侨居在法国，名字很奇怪，不是英国名字。在同一张桌上用餐时，福尔吉布先生建议他品尝一道他在法国都没听说过的菜：葡萄干布丁。

　　德尚已经有10年没有看过或听过这道菜，他已经忘记葡萄干布丁里面根本不含葡萄干。10年后有一天，德尚经过保尔松尼埃大道时，看到一家餐馆菜单上写着这种奇怪的布丁，他想起了福尔吉布先生，

于是点了一份，但柜台服务员告诉他有一位先生已经全买了。其中一个服务员朝着一位先生望去。这位先生穿着陆军上校制服，正坐在桌旁吃布丁。

"福尔吉布先生，"她说道，"您是否愿意与这位先生分享您的葡萄干布丁？"

德尚没有认出福尔吉布先生。

"当然可以，"福尔吉布先生答道，"我很荣幸和这位先生分享。"

他也不可能认出德尚。

这应该算是了不起的巧合，但这还不够。多年过去了，德尚再也没有见过或想过葡萄干布丁。有一天他受邀到一位女士家赴宴，那位女士宣布她要做一道不同寻常的菜 —— 真正的英式葡萄干布丁。

"我希望有一个叫福尔吉布的先生会在那。"德尚开玩笑地说。

晚宴上，10位客人品尝到了美味的葡萄干布丁，德尚和大家分享了有关福尔吉布先生和葡萄干布丁的巧合故事。德尚刚一讲完，大家听到门铃声，福尔吉布先生出现了。

你和我肯定认为这是事先计划好的。德尚也是这样想的。或许是晚宴主人利用德尚的玩笑成就了自己的玩笑。但你错了！事情远比这个更有趣。当时福尔吉布先生已经是一位走路需拄拐杖的老人了。他步履蹒跚地围着桌子找人。当他走近时德尚认出了他 —— 这位老人真的是福尔吉布先生。

"我头发都竖起来了，"德尚后来在讲述这个故事时说，"莫扎特代表作中的唐璜受石像宾客惊吓的程度也不过如此。"

事实上，当晚福尔吉布先生（同一个人）也受邀赴宴，但不是到这家。他认错了地址，按错了门铃。这是第三个巧合，这种概率太小，你肯定认为我们一生中遇到这种三个巧合同时发生的事情的概率几乎为零。但它确实发生了，如果我们可以相信弗拉马里翁先生。[15]

"我一生中吃过三次葡萄干布丁，"德尚仍旧不可思议地回忆着这次经历，"见过三次福尔吉布先生！下次应该没有什么不可能……或许什么都有可能！"

为了纪念令人敬重的天文学家弗拉马里翁先生，天文学界在月球上命名了弗拉马里翁环形山，火星上命名了弗拉马里翁撞击坑，命1021号小行星为弗拉马里翁星。他因收集巧合故事而闻名，人们都把自己的巧合经历讲给他听。他收集到了数百个这样的故事。有些非常令人震惊！有些是从世界各地匿名寄过去的，因此很难考证其真实性，不过弗拉马里翁先生说有些故事有多个目击证人，有些故事他担保其真实性，剩下的也"有据可查，值得相信"。

故事8：风中的书稿
特征：自然因素导致的巧合

最引人注意的巧合要属弗拉马里翁先生的个人经历。其中一个非常吸引人，表明有某些神秘力量在关注我们，这些神秘力量与大自然中的力量相似。弗拉马里翁先生正在撰写有关大气的专著，长达800页。[16]这本书将是他最权威的著作。到19世纪末期该书因其细节描述而著名，四处可以买到。本书第四部分第三章与风力有关，当他在写这个章节时最离奇的事情发生了。当时是仲夏的一个阴天，弗拉马里翁先生在书房。房中有一扇朝东的窗户开着，从这里可以俯瞰到一些板栗树和天文台大街。另一扇窗户东南朝向，是观看巴黎天文台的最佳视角，第三扇窗户朝南，可以看到卡西尼大街。他刚写完如下句子："大自然的风虽然看上去反复无常，任性多变，但我们也可以看出其背后遵守的规则。"[17]这时突然一阵西南狂风吹开了俯瞰天文台的

窗户，整个一章的书稿从书桌上飞起来吹到了下面的街道。有些落在树上，有些散落在通往天文台的路上。更糟心的是接下来一阵倾盆大雨。这是那天的第一个巧合。

弗拉马里翁意识到出去寻找这些散落的书稿无济于事。他写道："对我来说，出去寻找这些书稿是浪费时间，失去了那些书稿我很遗憾。"[18]接下来发生的事情才是真正令人震惊。几天之后阿歇特出版社的一位搬运工把弗拉马里翁失去的手稿悉数送来了。阿歇特出版社是出版弗拉马里翁著作的出版社，与他的公寓相距2千米之远。

故事9：亚伯拉罕·林肯的梦
特征：噩梦成真

一天晚上吃饭时，亚伯拉罕·林肯告诉了他的妻子玛丽·托德他的不祥之梦。之后不久林肯被暗杀。[19]

"大约10天前，我睡得很晚。一直在等前线送来的急件。由于太过疲倦，我躺在床上不久便睡着了。一会儿我开始做梦。"林肯接着告诉我们，在梦中他起床下楼了。他可能真的下楼了。[20]

来到楼下——可能是在白宫——他听到一群哀悼者在哭泣。他挨个房间寻找哀悼的人，虽然房内灯火通明，但他什么也看不见。每个房间充满着哭泣声，却看不到哀悼者。尽管是一个噩梦，林肯想知道这意味着什么。当他来到东房，看到灵柩台上放着一具穿着寿衣的尸体，周围有士兵站岗。哀悼者们在四周站着哭泣。尸体的脸部被盖起来了。"白宫谁死了？"他问其中一个士兵。"总统大人，"士兵回答说，"他遇刺被杀了！"人群开始嚎啕大哭，林肯从梦中惊醒。他说那天晚上他再也没有睡着，并且从那之后一直被这个噩梦缠绕。

"这太可怕了！"玛丽说。"真希望你没告诉我。好在我不信梦，否则我从现在开始就会深陷恐惧之中。"

"好吧，"林肯神情忧郁，声音低沉地说，"这只是一个梦，玛丽，我们别再说了，尽量忘掉吧。"

林肯几乎在每次战事前都会做带有预示性的梦。这些梦都重复性地预示联盟的胜利。其中一个梦是在安蒂特姆河胜利的前夜做的，另一个是在葛底斯堡战役的前几晚做的。其他的梦是在萨姆特战役、布尔溪战役、维克斯堡战役和威尔明顿战役前做的。有一个梦发生在1865年4月13日，正是林肯在福特剧院被杀的前一夜。这个梦非常形象具体。4月14日，格兰特将军通知内阁，他在等约翰斯顿将军投降。林肯自信满满地说："我们应该很快就会听到，这个消息很重要。"格兰特将军问林肯为什么这么想，林肯说："因为我昨晚做了一个梦；此次战争爆发后，我在每个重大事件前都会做同样的一个梦。这预示着很快就会有重大事件发生。"

似乎林肯谈到的所有的梦都带有征兆。4月26日约翰斯顿向谢尔曼将军投降。战争终于结束，而曾经梦见这一事件的人却不复存在了。林肯被暗杀三天后，海军部长吉迪恩·威尔斯（他出席了林肯最后一次内阁会议）在他的日记中写道：[21]

确实发生了重大事件，他曾经和大家讲述过他的梦。几小时内这位善良正直的伟人走完了他的一生。

林肯最后一次内阁会议于4月14日上午11：00召开。这一天刚好是耶稣受难日。助理国务卿弗雷德里克·苏华德参加了此次会议。他在《莱斯利周报》报道了此次会议。该周报采用的是木刻印刷和银版照相法。

谈话转到了睡眠这一话题，林肯先生说他头一天晚上做了一个奇怪的梦。这个梦出现过好几次——似乎感觉自己漂浮着——模糊中在宽广的地方漂着，然后来到一个无名海滨。林肯说，这个梦本身不足为奇，不像之前重复做梦后重大事件或灾难就会发生。

参会人员都对此梦加以评论。有的认为这只是巧合而已。另一个笑着说道："战争已经结束了，不管怎样这个梦不可能预示胜利或失败。"

有人认为："或许每每这种时期都可能发生重大变故或灾难，这种不确定性或许在睡梦中就很模糊。"

"或许，"林肯深思后说道，"或许就是这样。"[22]

故事10：琼·金瑟尔
特征：任性的赌运

我们应该怎么评价一个女人四次中彩票大奖的运气？

1993年7月14日琼·金瑟尔走进得克萨斯州毕晓普镇的一家名叫"好运来"的商店，买了几张得克萨斯刮刮乐彩票，中奖540万美元。这是地方新闻。

几年后琼·金瑟尔走进一家小超市，买了几张"百万假期"的刮刮乐彩票，又中奖200万美元。来自得克萨斯的新闻。

两年过去了。她在毕晓普镇美国77号公路的时代市场买了几张"亿万大奖"彩票。她再一次中奖，奖金为300万美元！来自全国的新闻。

又过了两年。她走进同一个时代市场，买了50美元"超级大奖"彩票，再一次赢得了1千万美元的奖金。

现在这是国际新闻了！"这位买彩票四次中大奖的幸运星是谁呢？"ABC世界新闻主持人约翰·威腾霍尔在这位幸运女神第四次中奖一周后问道。

发生这种事情的可能性是1：18×10^{42}，即一千万亿年才能发生一次。

幸运女神琼·金瑟尔是斯坦福大学一位退休的数学教授、博士，有人认为她在玩弄这套系统，是某种形式的作弊，又或许她破解了该彩票的运算法则，知道中奖的刮刮乐彩票在哪里可以买到；还有人认为她是通过展示的数字获胜的，这些数字能提供彩票中奖信息。但毕夏普区（一个仅有3300位居民的农业小镇）的很多人认为"这是上帝对琼的奖赏"。

这种多次中奖实属罕见，但对于统计学家来说却也不足为奇，因为他们知道罕见的事情只是偶然发生：同一个人四次彩票中奖确实是罕见，但如果从更大的样本来说就合情合理。事实上像金瑟尔这样在约3.2亿人口的美国四次中奖的概率还是很高的。她中奖大家都觉得不可思议，这只是因为我们的焦点放在琼·金瑟尔这一个人身上。

试想想，单在美国就有26种不同的彩票，彩票销售额超过700亿美元，全国很多人都经常买彩票。中奖四次似乎不可能，但如果从全国每年彩票销售达700亿来看，一个人中奖四次就很有可能了。如果视作单个事件，中奖四次非常罕见。但如果想到多次购买彩票的彩民和彩票的销售额，这么多年这种中奖概率还是很常见的。[23]

第三章

有意义的巧合

大千世界犹如五彩缤纷的万花筒，
尽管斗转星移，千变万化，
却是物以类聚，人以群分。

—— 保罗·卡墨勒

有些联系我们无法简单地用时空的偶然排列来解释。这些"巧合"像是有意连接在一起，让人觉得不可能会发生。

我们可能会寻其原因和意义。原因和意义是两个完全不同的东西。原因指事件发生的主要理由。有些原因不是决定性的，有的由于隐藏太深难以发现，有的模糊不清难以理解。对一个原因可以有多层的理解。例如，如果在树根部砍下一个足够大的切口，树就会倒。一方面，这个切口可能是树倒下的原因；另一方面，树倒下可能是该树被砍后无法保持平衡；另外，也可能该树的树干已经腐烂，砍与不砍，树都会倒。但是目的是另外一回事。

有一点值得考虑：当你在读这句话的时候，阳光洒满你的房间。这样说对吗？对有些读者来说，我可能是对的。可能有些人是在阳光明媚的上午看这本书，或许是一个周日的上午。如果我这样描述：在一个周日的早晨，你躺在房间的沙发上看这句话。身后三个窗户等着清洗。但可能有一大部分读者不在此列。下班后正坐在开往纽约布鲁克林法拉布什大街的火车上看书的你会知道，我没有包括你 —— 尽管可能无独有偶我也把你计算在内了。

如果你真的在星期天早晨，躺在有三扇脏窗户的房间沙发上看书，或许你看到这句话会觉得毛骨悚然，甚至会觉得你是唯一的读者。我的确想看看有多少人周日躺在沙发上看过这本书并有此想法。

我没有列出读者的姓名。我应该这样写：拉里·史密斯，当你看到这句话时，阳光正洒进你的房间。一位叫拉里·史密斯的读者在周日早晨看到这句话的概率可能很小，但不会是零。

但这不是我们所指的巧合。巧合的任何原因都需包括如下假设：某个周日的早晨，很多人（正如我希望）坐在房间沙发上看到那句话，房间有三扇窗户，窗户很脏。这是巧合吗？不是！原因显而易见。另外，意义是次要的。我编写这句话是为了促使发生这种可能性。我杜撰了一个在最有可能的环境下看书的人，从而导致巧合的发生。我选择了大城市和常见的看书的地方。巧合发生的原因在我。

当然，正如任何事件一样，我捏造这些事情同时发生有一定的意义，但意义不大，它不会触动灵魂，使身体发生化学反应，影响情绪从而致使肌肉收缩，情绪激动使大脑血管收缩或扩大。意义深刻的巧合必须传达某种情绪，这种情绪可能是包裹在过去经历中的原型。我们累积的经验和知识塑造了我们的期望，这些预期形成了我们的惊喜，而这正是巧合的重要特征。我上面提到的同时发生的事情 —— 如果真的发生了 —— 不会以轰动性的原型关联击中人的神经。它纯属编造，只有少数几个人参与到小范围的牵强的可能性事件中。巧合的意思不只是词汇解释中描述的字面上的意义。每一个故事都有它的语言学意义，而有些具有暗示作用。但是，当我们说巧合有一定的意义时，我们期望这个故事有潜意识的参考作用，能唤起我们记忆深处的经历。

下面这个例子是一个有意义的并发事件，但原因不明显。或许也不全是原因不明显 —— 请你来判断。2006年10月19日晚上，我太太91岁的母亲去世了。去世前一周，她妈妈说她要去见她死去的丈夫，我太太说："要去的时候给我一个暗示吧。"第二天雨过天晴，天空出

现了两道清晰艳丽的彩虹，片刻之后两道彩虹渐渐合二为一。这是巧合吗？如果我太太不在特定的时间往窗外看到彩虹，这个巧合就不会发生。彩虹不会持续太久，且色彩清晰艳丽的时间非常有限。这个原因显而易见吗？的确是的。从科学的角度来说，彩虹是太阳光穿过大气中细小的雨滴而成。但是科学的解释并不是彩虹出现并同时被看见的原因。它可能是一个征兆。但这是什么原因引起的呢？不管怎样，这个原因不明显，至少从前面我们给出的"不明显"的定义来说是不明显的。这个并发事件意义明显，但原因不明显。它无疑令我们感动，甚至刺痛我们的神经。那道彩虹及其原型的关联瞬间赋予了整个并发事件的意义。

如果回过头去看第二章的10个典型巧合故事，我们会发现，它们都有意义，其中两三个还特别突出。故事7"葡萄干布丁"代表与熟悉的物品相关联的一类故事。每当熟悉的物品激起潜意识中物品的重要性，其意义将随着时间的流逝而展现。这是有关参照物和联系之间，遇到快被遗忘的人和经历之间，唤醒的记忆和相关事件潜意识含义之间的故事。故事9"亚伯拉罕·林肯的噩梦"代表预示性梦一类的故事。林肯梦见自己被暗杀是一种潜意识的有征兆性的警告信息。它代表潜在事件的预兆，表示可能有人反对战时决策的疯狂行为。所有的总统肯定都担心被暗杀。尽管林肯的焦虑或许是梦魇的起因，但把梦魇说出来才有意义，因为这样公众才会集体意识到领导人也有焦虑。

可能有人会认为故事8"风中的书稿"也有重要的意义。想想故事的起因——书稿和卷走书稿的狂风之间的联系。没有这个起因就不会有这个故事。但是我们的兴趣点更多的是在书稿失而复得，而不是主题与一开始书稿消失不见的原因之间的联系。

亚瑟·库斯勒的《产婆蟾蜍案例分析》向我们介绍了另一位巧合故事收集者——澳大利亚生物学家保罗·卡墨勒。[24]卡墨勒从理论上指出，次要的自然法则与公认的因果关系法则相互独立，但共同发挥作用。他称之为连续性法则，指像波一样穿梭在时空中的未知力量，它的波峰使我们注意到有意义和无意义的巧合。卡墨勒的经历很悲惨。1926年9月在他自杀前不久，有人指控这位著名的生物学家实验弄虚作假。这个丑闻持续时间很长，各种迹象表明他的实验遭到蓄意破坏，或者是个棘手的恶作剧。控辩双方都有证据。但我们关注这个故事只是由于卡墨勒提出的"连续性"概念。"连续性，"他写道，"普遍存在于生命、大自然和宇宙中。它是连接思想、感觉、科学和艺术与孕育它们的宇宙的脐带 …… 我们的世界犹如五彩缤纷的万花筒，尽管斗转星移，千变万化，却是物以类聚，人以群分。"[25]

至少根据库斯勒所说，卡墨勒的著作《连续性法则》[26]主要论述了一个疯狂的概念，但卡尔·荣格、沃尔夫冈·泡利和阿尔伯特·爱因斯坦认为很有趣。如果从一个有一点科学知识的21世纪的读者的角度来看，这本书很奇怪。该书包含100个在时间和空间上同时发生的事件，用于支撑作者的理论，即巧合是一定频段上连续发生的事件。这是一个很古怪的观点，但乍一看又不是特别古怪，再想想会发现这个理论有一定价值。书中的故事按类别编排，按照事件在几乎同一时间和地点发生的先后顺序、数量、不相关人员的名字、熟人之间的偶遇，与现实生活经历相关的梦，以及前后出现的语言的相似性。为了创建某个数学或科学理论，他只关注同时发生且没有明显原因的相同或类似的事件。这个理论不是那么简单，是要弄明白在这些巧合背后是否可能存在某些未知的法则可用以解释这一连续性，即碰巧同时发生的系列事件和概率。

众所周知，卡墨勒经常坐在维也纳不同的公园凳子上，记录公园里发生的可以列为巧合的事情，例如，两个人提同样的公文包，戴同样的帽子，或者不期而遇，诸如此类的小事情。除此之外，他还会记录不同时间公园内的人数，有多少女人，多少人提公文包，多少人拿伞。简而言之，收集数据。然后他会将这些数据进行定量统计，推断出一个观点，总结认为巧合就在我们身边，但由于我们不期望它发生，因此往往会忽视它的存在。我们只有注意它才能看见它。但我们往往在听说巧合或巧合对我们有意义时才会关注它。这让我们想起克里斯

多弗·查布里斯和丹尼尔·西蒙斯著名的隐形大猩猩实验，这个实验表明当我们在关注某一件事时，我们无法察觉到意外出现的东西。这个实验要求受试者观看一分钟的篮球比赛录像。其中一个队球员穿黑色球衣，另一个队球员穿白色球衣。观看中要求受试者忽视黑色球衣队的传球，而默数白色球衣队的传球数。比赛中途，有一个装扮成黑猩猩的女生穿过篮球场，在镜头前停下来，双手捶胸，然后走开了。录像后要求受试者回答是否看到任何异常的东西走进球场。大约一半的受试者没有注意到大猩猩！这只大猩猩大摇大摆地穿过球场中央！大猩猩没有传球，所以没有引起关注，因此受试者看不见它。

这就是卡墨勒的部分观点。如果我们有意识地寻找巧合，我们会发现身边的巧合比比皆是。并不只是我们这样认为，如果给出足够的时间，将会发生纯属偶然的事件。[27]

我喜欢精彩的故事，因此不愿意打破意外事件的奇妙之处。但我同时还是一名数学家，从职业责任来说又必须说出真相。怀疑主义者仍会怀疑，因此我们仍会听到令人震惊的精彩故事。诺曼·梅勒曾在他的小说《巴巴里海滨》中写过一个有关虚构的俄国间谍的故事。美国中情局的人看过小说后逮捕了住在梅勒楼上的一名俄国间谍：鲁道夫·亚伯。梅勒没想到他住在自己写的小说人物的楼下。不管这个巧合多么不可思议，这类故事往往发生在我们身边，这一定程度上是因为它有意义——生活在城市中，陌生的邻里让他潜意识有担忧。汤姆·比塞尔在他的新书《魔法时光》中告诉我们《白鲸记》1851年首次发行时并不成功。直到1916年才成为美国最伟大的小说，当时一位有说服力的书评家卡尔·范·多伦偶然在一家二手书店看到了一本沾满灰尘不再发行的旧书《白鲸记》，他写了一篇热情洋溢的文章，称《白鲸记》是"世界文学中最伟大的海洋浪漫故事之一"。最近发生的故事是米沙·柏林斯基的小说《野战工时》，这本小说沉寂了5年之久，直到史蒂芬·金在一家二手书店犹豫地拿出来阅读，然后在《娱乐周刊》上发表了一篇优美的书评。这本小说摇身一变，从发行量极小到列入了《纽约时报》最佳畅销书单。巧合的是史蒂芬·金碰巧走进了这家书店，书架上又碰巧有这本书。这些故事都是成功范例，对我们来说都有意义。

共时性

早在20世纪早期卡尔·荣格就引入了"共时性"这一概念，将它作为解释被魔法和迷信包围的并发事件的模型。他没有见过被有关联的意外事件引发的巧合。他将它们视为重要的意义相关的事件集，而不是因果相连。他写了一本关于并发事件的书，书中他声称，生活不是意外发生的随机事件，而是与集体潜意识相连的超自然现象的固有秩序。换句话说，他的共时性指时间、空间和心智的并发，这其中不是偶然。荣格举例来说，有人可能发现他电影票上的数字和他当天买的汽车票上的数字相同。关键点在于他碰巧注意到这两个数字相同。

这个人首先"碰巧"看到并记住了这个数字，这是一个异常的举动。是什么原因促使他注意这个数字呢？荣格指出这或许是某种"系列事件的先知先觉。"[28]荣格告诉我们，这类事情经常发生，尽管形式各异，但经过首次短暂的惊讶后人们很快就会忘记这些事情。荣格认为，当我们注意到关键事件时会出现某种重要的典型现象，它们之间会有奇特的联系，因此我们在潜意识和意识之间加强了这一联系。我同意荣格的观点，认为巧合的精彩之处在于预知和意识之间的联系。

荣格和沃尔夫冈·泡利之间有过愉快的通信交流[29]。泡利是一位物理学家。对于物理学家来说，事件往往有原因。我说的是"往往"，因为物理学中的量子论有一些毫无原因可说的古怪联系。这是因为那些微小的原子颗粒的运动不像受制于因果自然法则的较大粒子，这些微小粒子的运动行为（如果我们称之为"行为"的话）只能通过统计情况和预测得知，而不是通过严格的因果关系。在荣格列举的例子中，某人电影票上的数字和当天去电影院的汽车票上的数字相同，这两件事情不可能有明显的原因。事实上，生活中这种相似的事件比比皆是，只是我们没有注意到它们而已。我们不时地提醒自己注意这类匹配事

件。荣格举例说明了"鱼"这个词和其概念的匹配关系。

1949年4月1日我记录了如下事情：今天是星期五，我们午餐吃鱼。有人碰巧谈到"上钩的鱼"（愚人节）的习俗。同一天上午我记录下一段法语文字："Est homo totus medius piscis（鱼）ab imo。"而就在那天下午，以前一个已经好几个月未见的病人突然来找我，给我看了她期间画的一些关于鱼的画，这些画给我留下了深刻的印象。当天晚上我又看到一幅像鱼的海怪刺绣画。4月2日早晨，另一位我多年未见的病人跑来给我讲了一个梦，她梦见自己站在湖边，看到一条大鱼径直向她游过来，并且在她的脚边上了岸。当她讲述这个梦时，我恰好正在研究历史上鱼的象征意义。以上提到的人中只有一人知道此事[30]。

荣格声称这次的鱼系列事件给他留下了深刻的印象，主要是因为所有与鱼有关的事情都发生在同一天，这看起来太奇怪了。这就是他所说的有意义的巧合，他定义为非常自然的非因果联系。当然，我们应该要记得，在荣格的时代，全世界很多人尤其是天主教者，周五禁止吃温血动物——大概是因为耶稣在星期五去世。因此这里存在因果关系。4月1日，愚人节又称鱼人节，荣格可能想到了鱼。另外，愚人节前的数月以来，荣格正在研究鱼的典型象征意义。这可能也使得当鱼一出现时他就意识到鱼的意义，因为这些都自然是典型的象征。因此荣格对鱼的联系或许都是有原因的。另一方面，他们或许仅仅因为荣格所说的有目的的交叉连接才相关。

因此荣格着手建立了与时空理论并列的心智理论，该理论无需因果顺序，偶然成为驱动两个事件间的联系。正如爱因斯坦将时间加入空间，从而提出了更深层次的相对论概念，荣格新增了非因果联系，提出了完全因果关系[31]。他指出，某些模式以非机械方式连接，形成"非因果顺序"……这些模式是有意义的，在心智和事情之间呼应[32]。对荣格来说，这是心理能量，似乎心智内重要经历的集体潜意识形成了一个能量场，不是盘旋在心智上的神经电化学能量，而是连接重要经历的潜意识原型能量流。是否存在这种能量呢——一种没有原因的意义能量？一种唤起原型关系的共时的超自然事件能量[33]？

荣格的有目的的巧合观是有说服力的。他认为有意义的巧合将给人的心灵带来强有力的暗流，随之发生的意识事件与潜意识相通。巧合将我们与复杂的生活相连，揭开我们的意识，赋予我们存在的意义。例如两道彩虹是死者给出的确认符号，意思指的是我们永远与我们关心的人联系在一起。其原型联系是彩虹象征着通往天堂的门。我们看到巧合时就能看到和浩瀚宇宙之间的联系，即使是一个简单的联系也能使我们感受到我们是银河系甚至银河系之外的一部分。很多时候我们忽略了这些联系，好像生活中永远没有它们的存在。我们没有意识到周围一切都是相互联系的。我们忽略面对我们的联系，没有注意到它们带来的乐趣，直到遇见才惊讶不已[34]。但是对真实故事中的惊喜的反应取决于讲述的方式。当未来事件的预言者而不是过去事情的讲述者来介绍巧合时，特定的细节可以使同一个巧合故事更令人惊讶，更有意义。讲述者比聆听者更会觉得个人经历令人惊讶，且有意义。对我来说，白化病患者司机的故事不如我在克里特岛 Anapodaris 河边突然听到我亲兄弟熟悉的笑声来得更令人惊讶，更有意义。前面章节中的故事的确不同寻常，但也是我们漫漫生活中的一部分。

过去几年我听到过很多乍一听非常震惊的巧合故事。有些是认错人，有些是在对的地方对的（或错的）时间遇到某人，它们包括（但不仅限于）偶遇和自然事故。其他的是赌博中取决于随机事件的赢（或输），还有的涉及传心术和超自然感受力。所有的故事都能或多或少地通过简单的数学计算得出比我们想象的更高的可能性，从而得以解释。如果对统计学有错误的理解，或低估（或高估）世界和样本的大小，这些故事听上去会很令人震惊。为什么我们会有那么多和前一章相似的故事？答案很简单，我们对概率及其非直觉的运作原理知之甚少。

第二部分　数学知识

碰　撞

世界很大，又或很小，
有些事情我们从未曾见过，
却迟早会发生。
如果不是无数次发生在诡异的夜晚，
或昏暗的残月下，
又或闰年，
那么我保证，
在无数次可能后它们必将发生。

——约瑟夫·马祖尔

接下来我们介绍几个分析巧合故事的数学工具——大数定律，真正的大数定律、生日问题、概率论和频数分布论。本部分内容包含了所有能派上用场的数学知识，以便理解本书的主要论点，即如果某件事情有可能发生，不管多小，一定会在某个时间发生。有些数学知识将用于分析第一部分的故事，在第三部分仍会回过头再次使用。

第四章

可能性有多大？

我发现"巧合"的关联非常有目的性，
它们"偶然"同时发生，
只能用天文数字来表达不可能发生的程度。

——卡尔·古斯塔夫·荣格[35]

特别令人震惊的巧合故事总是以这个问题结尾："这个可能性有多大？"这通常是一个无需回答的反问句，因为这绝不是一个可以照字面意思回答的简单问题。尽管我们有一些研究巧合的统计技术和好的实验模型，数学家们目前仍没有一个适合巧合的理论。问题在于这个词本身的定义，毕竟巧合暗指无明显原因的意外事件，包含侥幸和奇迹。如果没有奇迹的希望和荣耀，我们会怎样呢？因此或许测量巧合的概率本身就是矛盾的。我们怎么能知道无明显原因发生的事件的概率呢？可能有人认为，除了决定骰子运行方向的上百个难以测量的变量之外，一对骰子掷出两个六点朝上的情况没有明显的原因，但我们能计算出这一结果的赔率为35∶1。我们可以精确地计算出一个人活过某岁的概率。那么是什么阻挡我们计算奇迹或噩梦成真的概率呢？我们在测量概率时不总是都需要了解事件的原因。我们通过数据处理计算得出某人得癌症的概率，从而得知吸烟导致癌症，但在此之前我们并不知道为什么吸烟导致癌症。这件事发生在第二次世界大战之后，当时战前不吸烟的女战士参军后开始吸烟。她们的癌症率上升，然后死亡。我们猜测到之间的相关性，将各点联系起来了解到了其中的关联。很多巧合的问题在于变量太多，无法从统计样本中真正了解或推断出来。巧合通过定量分析难以解释，但辅以定性推理表明它们比我们想象的更常见。连心理学研究都避开定量预测而偏爱定性方法。

我们谈到巧合就会联想到可能性。讲述一个巧合故事必然会有人问："这个可能性有多大？"答案往往都是"很小很小"之类的话语。从事概率论研究的人应该告诉我们"很小很小"的意思，或至少他们要想想这是什么意思。一件事情的可能性有多大需用数字表达，数学家们称之为"概率"。概率介于0到1之间，0表示不可能，1表示绝对肯定。测量方法有多种。其中一种是从大样本中观察它的相对频率。一般而言，事件的概率是两数之比，数值由观测到的事件重复次数占大样本比例决定。如果实验次数越多，事件的相对频率越接近事件概率。第二种概率测量方法指计算逻辑可能性：向空中投掷骰子，骰子六面的任何一面都有可能朝上。我们不需投掷骰子也知道偶数朝上的概率是1/2。

如果两件事情由于逻辑关系不可能同时发生 —— 如一次从一副52张扑克牌中抽取到红色的K和黑桃K —— 那么其中任一事情发生的概率为两件事情的概率之和。换句话说，抽取红色的K或黑桃K的概率为

$$\frac{1}{26} + \frac{1}{52} = \frac{3}{52}。$$

大致原理如下：假设X为事件的结果，$P(X)$则为事件实际发生的概率。事件未发生的概率为$1 - P(X)$。例如，如果你在抛硬币，P（正面朝上）为1/2，P（正面朝下）也是1/2。如果你在抛一对骰子，那么$P(4) = 1/12$，而$P($非4$) = 11/12$。如果X和Y是相互独立的可能结果，即一个事件的发生不会影响另一个事件，那么X和Y发生的概率为$P(X)$和$P(Y)$之积，而X或Y发生的概率为$P(X)$和$P(Y)$之和。

以人类的巧合事件为例，假设下周二上午你在太平洋的博拉博拉岛意外碰到你最好的朋友，同一天下午你在冰岛的雷克雅维克意外碰到你堂兄弟。第一个事件对第二个事件有影响。如果你不乘坐F-15单座战斗机，你不可能下周二上午在太平洋的博拉博拉岛意外碰到你最好的朋友，并且同一天下午又在冰岛的雷克雅维克意外碰到你堂兄弟。上面提到的扑克牌例子中 —— 可能抽到红色的K，也可能抽到

黑桃K。一方面，如果在一个事件完全独立于另一事件的情况下，两者发生的概率为两个单事件发生概率之积。如果先抽取红色的K，然后把红色的K放回去，再抽取黑桃K概率为 $\frac{1}{26}\times\frac{1}{52}=\frac{1}{1352}$ 。实际上，要求指定的两者都必须发生降低了概率。另一方面，不还回去第一次抽出的牌，而从整副牌中抽取红色的K和黑桃K的概率计算会更复杂些。我们称在已发生的事件后即将发生的另一事件的概率为条件概率。从一副牌中抽取两张牌的例子给了我们启发。假设抽掉的牌没有还回去，那么抽取红色的K之后再抽取黑桃K的概率为 $\frac{1}{26}\times\frac{1}{51}=\frac{1}{1326}$ 。第二次抽取时，整副牌中少了一张红色的K，因此需减去一张牌。因此第二次抽取黑桃K的概率则是从51张牌中抽取的概率。如果没有还回去红色的K，抽取黑桃K的可能性会上升。重要的是我们面对的是两个小于1的数字之积，这意味着最后计算出的概率将比任一事件的概率都小。再把事件弄复杂一点，我们规定黑桃K要比红色的K先抽取出来。如果我们要求任一牌的抽取概率 —— 先抽或后抽黑桃K —— 将变大。我们将考虑两者概率：先抽取黑桃K再抽取红色的K的概率，和先抽取红色的K再抽取黑桃K的概率。

赔率和概率的区别

接下来我们将区分赔率和概率。当我们说赔率为 m 比 n，意指我们希望每发生 n 次事件就有 m 次不发生该事件。标准表示法为：$m:n$，读成 m 比 n。如果赔率为 $m:n$，概率为 $\frac{n}{m+n}$，因此赔率4：1转换为概率为1/5，如果要计算某件事成功概率为 p 的赔率，计算出 $\frac{1-p}{p}$，简化为 m/n。对该事件发生的赔率比为 $m:n$。如果 $p=1/5$，赔率计算公式为 $\frac{1-\frac{1}{5}}{\frac{1}{5}}=\frac{4}{1}$，因此赔率为4：1。

赔率概念来源于赌博。计算获胜要容易一些。以 $m:1$ 的赔率下注1美元，将获得 m 美元（原始赌金包括在内）。成败机会相等或等额

投注意味着1：1的赔率。本书将以 $n = 1$ 举例说明赔率问题。如果我们知道每一次成功中有 m 次失败，计算可能性或不可能性将容易一些。我们有时会使用"可能性为 $1/m$"这一表达法，它意指 m 次试验中有一次成功的机会。例如，"从一副52张的牌中抽取黑桃 A 的可能性为 $1/52$"，意为"从一副52张的牌中抽取黑桃 A 的赔率为 51：1"。

通过试验计算概率

选取任何两件有可能发生的事件。如假设一只黑猫下周三将穿过你走过的小路。再假设某一天你从律师事务所收到一封挂号信，信中说你从未听说过的叔叔去世了，留给你一百万美元的遗产。考虑到你所住的街区附近黑猫的数量，假设第一个事件的概率为0.000001。考虑到你不认识的叔叔不是很多，第二种事件发生的概率为0.000001。（为了便于讲解我将概率放大了。）两个事件都发生的概率非常小，只有0.000000000001。这个概率比其中任一事件发生的概率小，但比这两件事情同时发生的概率要大。当然其中一个事件发生的概率更大。

现在思考以下10个罕见的事件：

1.一只黑猫在某个周三穿过你走过的小路；

2.你从未听说过的叔叔去世，留给你100万美元的遗产；

3.你20年前丢失的戒指出现在你所住街道的旧货甩卖摊上；

4.梦中遇见一个高大的黑衣人穿过拥挤的房间，梦境成真；

5.你买得克萨斯乐透彩票，两次中奖；

6.你在太平洋的博拉博拉岛碰巧遇到你的亲兄弟；

7．在国外一家书店，你发现一本马克·吐温的《神秘的陌生人》，扉页上写有你的名字；

8．你去更新护照，发现新护照号码和你的社会保险号码一样；

9．在公园凳子上，你发现一本你少年时的马克·吐温的《神秘的陌生人》（没错，和故事7非常相似）；

10．你在芝加哥打出租车，发现司机和你一年前在纽约坐的出租车的司机是同一人。

这些故事是我随意挑选的。有些是巧合，有些只是单一的事件。如果不是因为太平洋上那只爱管闲事的蝴蝶——它似乎对任何事情都产生影响，从巴黎的天气，到美国肯塔基赛马结果——它似乎经常引发一些意外的麻烦，以上这些故事都可以是完全独立的事件。那只黑猫为什么刚好在那个特定的时间出现呢？那个高大的黑衣人或许正好是找到你遗失已久的戒指的人，这枚戒指正好是由这只黑猫给他的。

事情这样或那样发生的概率很难知道——即使是大致知道。简便起见，假设每个事件发生的概率为0.000001，这个概率低于单次发牌中拿到皇家同花顺的概率。除了告诉我们这个事件不是不可能，但可能性不大之外，这个概率数字没有什么特别的意义。因为当计算两者之一发生的概率时是两者概率相加，所以似乎两者之一的概率为$2 \times 0.000001 = 0.000002$。你可能会天真地认为两个事件的概率加倍。但我们必须小心谨慎。这个计算忽略了两者可能会相互依赖这一情况（如上述事件7和9）。因此我们必须减去两者都发生的概率：$0.000001 \times 0.000001 = 0.000000000001$，这个数字较小。实际概率为0.000001999999，比两倍稍小一点。这引出一个奇怪的问题。这个结果可能使我们改变看待巧合事件的角度。在充满着各种意外事件的世界里，一年中你可能会遇到数千件——或许数百万件，或数十亿件巧合事件。假设每百万事件中发生一件的概率为0.000001。现在问题是：如果我们将所有这些事件分组，计算至少一个事件在一年内的发生概率，将会发生什么呢？我们没有切实可行的办法确定一百万事件的独立性。我们无法假定任何两者之间没有任何直接联系。我们无法忽略一个事件可能导致或影响另一事件这一可能性，或者某单一事件可能取决于另一事件。例如，如果你彩票中奖一次，你可能会用部分奖金再去买彩票，再次赢取决于第一次赢。因此我们不能简单地将两次的概率相加获得一百万次中单次发生的概率。这样就会出现荒谬的结果，即单次发生的概率为：1000000 × 0.000001 = 1，百分之百发生！（将0.000001相加100万次。）要使计算有效，事件间应断开联系，彼此之间没有共同之处。如果这样，概率的测量将非常复杂，耗尽精力，或者不可能。例如，黑猫下周三或许经过你走过的小路，在下水道找到你遗失很久的戒指，并将它送给高大的黑衣人，黑衣人在旧货市场上将之标价出售。我们要消除这些事件之间的联系。但即使满足了这所有的要求，我们仍旧需解释大量使赔率降低的可能性。另一方面，如果这数百万计的事件之间相互独立，数学将会告诉我们，可以肯定其中有一个事件会发生。当然！任何活跃积极的人都会遇到数百万计事件中的一件发生。只要离开这个屋子，任何人都会有无数的可能性。

我们的清单上唯有事件5有精确的发生概率，而这还取决于获胜者的性格。要赢得两次，首先需要赢得第一次。这意味着第一次需要挑选6个正确的数字。这样一次性的概率约为0.000000038，这确实是很小的概率[36]。另一种方法是你有25827164：1的赔率赢。

这是如何计算得来的呢？挑选一个数字有54种可能性。第一个数字选好后不能更换新的，因此第二个数字有53种可能性。依此类推，第三个数字有52种可能性，第四个51，第五个50，第六个49。这样，6个数字从1到54，共有 $54 \times 53 \times 52 \times 51 \times 50 \times 49 = 18595558800$ 种不同可能性。6个数字共有 $1 \times 2 \times 3 \times 4 \times 5 \times 6 = 720$ 种不同的排列。由于6个数字排列的顺序没有影响，我们将18595558800除以720，获得25827165个不同的6位排列数，其中只有一个是正确的。

赢第二次的概率计算过程相同；彩票数字和概率都没有记忆。但是概率取决于我们的思维方式。如果你忘记了你曾经赢过一次，那么概率将不会出现变化。你的赔率仍为25827164∶1，概率为0.000000038。赢两次的概率为 0.000000038×0.000000038＝0.000000000000001444，表明赢两次极不可能。我们知道彩票中奖号码不会重复。但是奇怪的是，根据中奖者的性格，重复中奖是可能的。正如罪犯回到犯罪现场，中奖者返回到中彩票的地方，投入更多的钱继续买入更多的彩票。我们的计算忽略了买彩票中所有其他的尝试。中奖者可能在再次中奖前已尝试过100次。在第7章（表7.1），我们发现买彩票每尝试4次就有4次中奖的概率很低。这很难做到。

第五章

伯努利的礼物

[打桥牌时拿到的牌决定了合作关系。]

奇科：我拿到黑桃A

哈珀：[向对方出示他的牌]

奇科：他也有黑桃A。哈哈！

这就是你所说的巧合。

—— 电影《动物饼干》

怎样能利用数学定律预知未来呢？抛出的双骰子捡起来再抛，骰子不可能记住上一次是哪面朝上。如果骰子没有问题，投掷的时候没有作弊，我们无法预测结果，但通过多次投掷，我们可以肯定，双骰子落地后两个数字相加等于7的情况比其他情况更常见。运用骰子的几何结构和一点算术知识可以解释：两个骰子落地时任何一面朝上的两个正数相加等于7的情况多于任何其他两个数字相加的和数的情况。

数学的概率概念相对较新，可以追溯到16世纪。16世纪前数学还没有涉及不确定性问题。自然哲学家和数学家更热衷于研究生活中的重要问题，其中有些研究数论和几何学等抽象概念，有些研究生活中实践性和功能性更强的问题，如测量和建筑问题（尤其是教堂）。开始从数学角度研究可能性问题的要属G.卡尔达诺的《论赌博》，这本书稿大约写于1563年，内容包括可能性属性和现代概率的基本要素[37]。但这本书100年以后才得以出版。

G.卡尔达诺是米兰的内科医师、数学家和赌博玩家。我们认识他主要是他1545年出版的著作《伟大的艺术》。该书主要描述了直至那时的代数方程理论。《论赌博》一书共15页，从数学和哲学角度探讨了赌博，是作者的随笔。卡尔达诺无意出版。但《伟大的艺术》书中含有研究巧合频率的简易工具，结合N次中有k次成功的多种计算方法，该书被认为是概率论、期望值、均值、频率分配表、概率可加性和计算的奠基石。它甚至提出了一个数学定律，后来演变成著名的弱大数定律。该定律告诉我们，如果实验的次数N无限大，实际均值（事件发生前完全未知）和数学计算出来的均值之间差异则很小。

准确描述起来会有些抽象：假定N可以无穷大，平均成功率不同于p的概率P则接近于0，用现代的符号表示为：ε代表所选的任何小数字，当N增大，$P\left[\left|\dfrac{k}{N}-p\right|<\varepsilon\right]$趋向1。[38]刚碰巧看到这行符号的读者，请允许我进一步解释。我们用符号讨论方括号中描述的事件概率。例如，P[下一个7月4日飓风将袭击中央公园]表示飓风下一个7月4日将袭击中央公园的概率。因此$P\left[\left|\dfrac{k}{N}-p\right|<\varepsilon\right]$指$\dfrac{k}{N}$和$P$之差的绝对值的概率。该绝对值小于选取的任何数字$\varepsilon$。

该原理说明了均值的变化趋势。大家一定想知道随机事件（每一个结果绝对从未出现过）如何计算出接近数学计算值的均值。遗憾的是，这个定律——即使在今天——仍旧容易与有些人称作的均值定律相混淆。均值定律根本不是定律，而是荒谬的幻想。它指出，如果你抛硬币的次数足够多，终究会有一半次数硬币正面朝上，一半次数硬币反面朝上。除非"足够多"指无限长，否则这个"定律"根本就是错的。

的确，弱大数定律结果令人惊讶。但更令人震惊的是它可以用数学证实。这表明随机事件——事件结果千变万化且从未重复——有可能接近于数学计算值的均值。数学家可以告诉我们现实世界决定性

现象：桥梁和大坝结构遵从数学计算；飞机根据数学计算出行；窗户根据数学计算破裂；玻璃按规定的共振频率震碎；当上空的气压低于下方气压飞机机翼抬高。但当谈到可能性，这些联系似乎更加令人费解。骰子？我们怎么可能知道它每次落地时哪面朝上？

卡尔达诺留给了我们一个方法。在《论赌博》之前，运气 —— 不管是好的还是坏的 —— 掌握在命运女神手里。即使是在数学的多个领域都取得很大成就的希腊人都没有提出赌博赔率的数学理论。他们只是抛骰子，把命运交给运气或某位神。当然，他们知道，与其他数字相比，某些数字出现的可能性更大。毋庸置疑，他们知道数字7比其他数字出现的次数更多。他们只需记录7出现的次数。但据我们所知，他们对预测性概率一无所知。

卡尔达诺的随笔埋下了关于可能性科学的种子。我们知道可观测的事实能够量化可能发生的事情。按照亨利·庞加莱的话说，我们知道了人与人，人甚至与神的机会都是均等的。

我们要记住，在卡尔达诺的时代，还没有人很好地研究可能性的原因。例如，数学没有研究为什么有些数字比其他数字更频繁出现。卡尔达诺去世半个世纪后，伽利略写了一篇短小的论文论述投掷三个骰子的概率问题，揭开了这个秘密，不过他不太可能知道卡尔达诺的《论赌博》。伽利略列出了所有组合，发现三个骰子落地面数字相加等于10有27种不同的方法，11也有27种方法，但数字相加等于9或12只有25种方法。[39]

有经验的赌徒当然知道这一点。他们从长期的经验和观察中获得了一些民间知识，对骰子投掷结果有深刻的了解。他们对赔率有本能的认知，知道对于三个骰子，10和11出现的频率要高于其他数字。但本能知道和数学解释之间有差别。如果有对数学的信心，你几乎可以依靠你的运气。对于知道如何计算数学赔率的人来说，决策不再是冒险。从长远来看，这些决策几乎百分之百正确，尽管偶尔也会有不确定。

双6点和概率的产生

数学概率的核心理念可以追溯到1654年的冬天。那年冬天巴黎异常寒冷。塞纳河都结冰了。据报道，有人在塞纳河上溜冰，有人在教区牧师向穷人派发面包的街头烧火取暖。30年的欧洲宗教战乱耗尽了法国的国库，全国经济萧条。法国被迫增加工人阶层的税收，但征税员诡计多端，征收的税收只有少量进入国库。当时的国王路易十四属于贵族，他积累了巨额财富。这群富人贵族终日饱食，无所事事，转战巴黎所有赌场。[40]数学概率论在1654年的冬天应运而生，并迅速发展。

尽管赌博至少可以追溯到洞穴人抛骨头（掷骰子），到17世纪中期它已成为法国社会主要的消遣方式。除了从错误百出的算术课本上发现的简易方法，和方济会弗拉·卢卡·帕乔利1494年出版的代数教材《神学总论》，当时法国仍没有关于可能性的重要数学成果。但1654年卡尔达诺的《论赌博》一书揭示了为超过五成机会获得双6点，赌博者抛掷双骰子的最少次数的线索[41]。

数学哲学家布莱兹·帕斯卡尔为了找到答案曾看过《论赌博》，但他不相信这个方法。后来春夏期间他卧床不起，写信给他的律师兼数学家朋友皮埃尔·费尔马[42]。他们一起得出结论：抛24次骰子中双6点的概率稍小于50%，而抛25次中双6点的概率稍大于50%[43]。

帕斯卡尔知道一副骰子的2点和双6点出现的可能性很小，为$1:36$，但7点有$1:6$的概率（图5.1）。他知道，计算非双6点的可能性要更容易，即$1-1/36$，或$35/36$。他还清楚每一抛掷和前一次相互独立，两个独立事件发生的概率等于每个事件两两概率之积。因此抛n次中非双6点的概率为$(35/36)^n$。他计算得出$(35/36)^{24}=0.509$，$(35/36)^{25}=0.494$，从而得出结论，抛24次骰子中双6点的概率稍小于50%，而抛25次中双6点的概率稍大于50%[44]。

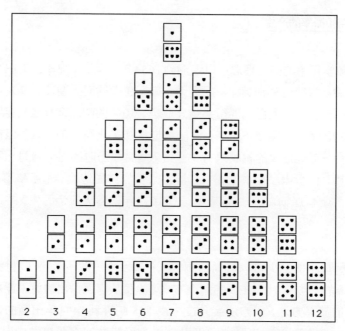

图5.1　每列骰子的对数代表每个数字出现的次数

概率的根基来自该副骰子和其他类似问题。如此随机的外部世界仅仅通过一个图表就能概括。静下心来想一想。如果某一事件受某个原因影响，将有超过五成的可能性使得该原因推动事件未来发展的方向。如果事件未受任何原因影响，事件未来发展方向将无任何偏向地自然发展。不管是否有原因，超过五成的可能性将为无可预知的侥幸或巧合打开一扇门。我们可以用高尔顿钉板作为模型阐释这一现象（图5.2）。

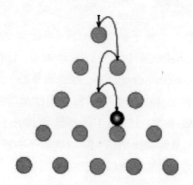

图5.2　高尔顿钉板（垂直于页面的15根销钉）

高尔顿钉板模拟了由公平机会决定的行为。球从一套销钉自由落下，准确击中第一根销钉的顶端，之后球有一半的机会弹向左边或右边。如果球弹向右边，它将落到下面更低的钉上，要么再一次击中销钉的顶端，要么落到左边或右边。理论上来说，球能准确击中销钉的顶端。但实际上永远不会发生这种事。为什么呢？首先，我们必须考虑销钉的顶端指什么，是指钢管顶端的分子结构吗（假定销钉是钢做的）？没这回事。因此实际上球有理由落到左边或右边。理由包括球运动过程中极小的风力，或者球落到销钉上时产生的极小震动，或者下落时碰撞到的微小尘粒。实际上，在球碰到销钉后有数百个变量决定球弹跳的方向。甚至还要考虑球落到销钉上时的分子凹痕和碰撞的弹力。

弗朗西斯·高尔顿爵士是19世纪英国遗传学家，他建构了以上梅花点式钉板，就像骰子上的5点，旨在展示物理事件取决于顺风。在高尔顿的绝对完美钉板实验中，球必须准确落在销钉的顶端，它到底落向左边或右边的销钉上，这好像抛硬币。现实生活中，或许是由太平洋上扇动翅膀的蝴蝶或爱达荷玉米地里放屁的牛来决定。每一次弹跳前，前一次的结果已经过去，球不再记得结果，因此每一弹跳都如同第一次。不过累积的结果似乎考虑到了所有前面的情况。

我们从数学的角度来分析。假设球下落时击中四层钉子。球向左向右弹跳的机会均等，因此落到销钉下的球累积形成钟形曲线。计数球下落的途径可以证明这一点。假设球落下，我们用字母L和R标记球弹向左边（L）或右边（R）。可能的结果如下：

LLLL
LLLR，LLRL，LRLL，RLLL
LLRR，LRLR，LRRL，RLLR，LRLR，RRLL
LRRR，RLRR，RRLR，RRRL
RRRR

可以看出，混合字母组合多于同一字母组合。由于球弹向左边或右边的机会均等，所以球倾向于落在以中间为轴的两边（图5.3）。原因在于：在连续12次L和R的选择中，6个L和6个R的次数超过L和R的任何其他次数。

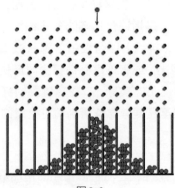

图5.3

每次碰到销钉，球落到左边记为−1，落到右边记为+1。球向下滚完12行钉子后将最后落到最下方的12个槽中的其中一个。

例如，图5.3最左边的球的数量最后累积为−12。每个球最后的位置代表独特的累积结果。球倾向于向中间累积。但是，尽管很多球落入了中间两个槽中，其他10个槽中的球数总数更多。

在图5.3中，球的总量代表最后累积值140——左边5个槽中落入31个，右边5个槽中落入55个。中间两个槽共54个。的确，任一球的最后位置不能表明它过去的路径。但是有两个关键点要注意：前两行销钉限制了结果。如果第一行为钉头，第二行为钉尾（或者反过来），最后累积值将小于12，大于−12。约60%的球落入了中间两槽之外的槽中。球可能从左边开始下落，最后落到右边的槽中，但也很有可能球一开始离左边很远，最终回到右边槽的机会也降低。

如今，概率论向理论和实证研究方面发展。例如，实证方面有研究运用大样本预测概率，理论研究如利用科学原理通过现有的事实确定概率，如对称性或物理理论。我们知道根据骰子本身的立方对称原理能得出一个完美的立方体骰子中1点的概率。但一个普通的骰子中1点的概率可能需要通过多次抛掷，并标记出中1点的次数才能计算出来。这个概率可能远远大于或小于1/6。

因此很多时候取决于骰子本身。棋盘游戏的骰子通常制作粗糙。快艇游戏为抛掷骰子游戏，自20世纪50年代流行至今。游戏规则是抛5个骰子，5个骰子点数相同为"快艇"。中"快艇"的赔率为1295：1。[45]你或许以为要抛1296次才能中奖。但如果全世界许多人都来抛，可能第一抛就能中奖。这正是布莱迪·哈伦想到的。他在他的网站上要求数百个追随者玩"快艇"游戏，并将中奖瞬间记录下来。结果有些人抛几次后就中奖"快艇"，更多的人抛几百次后中奖。[46]

在18世纪要获得事件发生的可能只能通过计数：计算出期望发生和可能发生事件总数之间的比例。骰子6面任何一面都可能朝上，因此骰子任一面的概率 p 为1/6。但伯努利提出了不同的问题。他希望考虑到疾病和天气问题，从而希望包括其他科学问题。[47]

伯努利定理

数学家们经常对抽象原理的神奇魅力惊奇不已。当理论能漂亮地解释自然界现象时，他们感动不已。瑞士数学家雅各布·伯努利在看到卡尔达诺的《论赌博》后证明了弱大数定律，他为此雀跃欢呼。这条定律的确非常神奇，它告诉我们，尽管大自然千变万化，神秘莫测，但我们仍能巧妙地揭开它的秘密[48]。它给我们提供了解决不确定性的神奇方法。

雅各布·伯努利于1705年去世，他将他大量的未完成的手稿留给了他的侄子尼古拉斯·伯努利。接下来的8年，尼古拉斯·伯努利继续叔叔的研究，最终出版了《猜度术》，这本开创性的著作即使到今天仍被视为数学概率论早期最重要的成果。

雅各布·伯努利去世后，他的著作《猜度术》1713年出版，该书视角独特，它以装满黑白币的大壶为例，讲述在不知道壶中有3000枚白色币和2000枚黑色币的情况下，如何计算出黑白币的比例。首先，要知道白色币除以总币数即为数学概率。但我们不知道总币为多少，如何能计算出数学概率呢？以下为伯努利的方法：随机选择一枚币，记下该币颜色，把它放回去，摇动大壶。重复此操作，随机选取足够多次，就能得出接近概率的数值。事实上，你选取的次数越多，你就越接近那个数学概率值。例如，假设你在操作到200次时，有120枚白币，80枚黑币。那么这时白币对黑币的比为3：2。你可以由此假设挑选白币的概率为120/200，或3/5。

伯努利的《猜度术》向我们展示了弱大数定律。如果抛掷硬币N次，希望k次正面朝上，该定律告诉我们概率k/N有多接近于1/2这一单次抛掷硬币正面朝上的概率。许多赌徒打着如意算盘，以为N数值越高，事件的结果将会接近于这些结果的概率。再次以抛硬币为例说明，这个定律似乎表明，既然概率$p=1/2$，那么从长远来看，硬币正面朝上的次数将与正面朝下的次数趋同。该定律只是说从长远来看这个可能性将趋同，并没有保证任何单个情况下将会有什么结果。例如，假设我们玩一个重复N次事件的游戏，如抛N次硬币，我们记录下硬币正面朝上的次数。一枚完美的硬币正面朝上的数学概率为1/2。我们现实中抛硬币会看到什么结果呢？成功率k/N接近于1/2吗？数值非常接近差额在1/10000之内吗？我们无法回答，但可以换一种方式问，是否存在k/N和1/2的差额小于1/10000，概率大于0.999的情况？伯努利的定律告诉我们：是的，如果N不断增大，将会出现这种情况。但这并没有阻止k/N不在1/2之内（之前或之后）时其他情况的发生。事实上，即使成功率k/N接近1/2，也不能保证它将继续接近。并且，伯努利定理的另一个更强势的版本告诉我们，尽管成功率k/N可能接近1/2，实际的成功值变化可能更混乱。看看以下这句话：随着实验的次数增多，实际成功值偏离所期望的成功值1/2（即硬币正面朝上）的概率越大。尽管违反直觉，但却是真的。[49]但是定理同时也说明，从长远来看，假定实验的次数N足够大，通过实证获得的实际均值（在实验前肯定全然未知）和数学计算出来的均值之间的差额可能和预期的一样小。这意味着随机实证事件（绝对不记住每一次结果）的均值接近于数学计算值！

伯努利对他的定理非常满意，想象着可以应用到世界上所有的普通事件上。他在《猜度术》中写道：

> 终于取得了这个非凡的结果。如果一直观察记录世上所有的事件（概率最终将变为100%确定），那么世间每一件事都将按固定的比例和交替法则发生。即使是最意外的事情，我们也定能确定其有一定的必然性，比如说是宿命。我不知道柏拉图是否愿意把这一结果认为是宇宙万物轮回（万物复原），他预测世间一切在经历无数个世纪后将回到最初的状态。[50]

理论上来说，伯努利定理是一次知识爆炸，是不确定性数学测量的壮举。它承诺能预测未来。这是人类首次运用数学定理分析真实世界的可能性。伯努利自豪地宣称该定理非常牢固，属于原创，他的专著也因此变得高贵。但伯努利也由于他的一些用于解决疾病和天气问题的实验而变得灰心。即使按照今天公认的标准，他当时给自己规定的确定性标准过于严格。[51]

伯努利为我们了解大自然和机会游戏的不确定性行为提供了强有力的工具，是通过演绎获得期望值的方法。"事实上，如果我们用空气或人体取代上面实验中的壶，正如壶中装有代币，空气或人体内含有随天气或疾病而变化的病菌，我们也同样能够通过观察确定事件发生的可能性"。[52]

爱因斯坦曾戏谑地说："上帝不会和大自然玩抛骰子游戏。"他指的是当时的量子力学不能确切地预测结果。[53]运气不会承认抛骰子的结果并不是随机的，正如彩票委员会永远不会承认乒乓球上的彩票中奖数字不是随机的。至今仍没有人设计出给出绝对随机数字的机器"抛骰子"，物理学家罗伯特·奥特写道："并不是内在随机的，结

果看上去是随机的是因为我们忽视了决定结果的隐藏变量这些小细节（如抛掷角度和摩擦力）。"[54]宇宙中绝大多数现象（尤其是受原子影响的现象）隐藏了太多可以通过数学预测结果的变量。我们通常会忽略这些细节。这个秘密直到17世纪才略现端倪，我们得以知道，尽管每单个事件都对自己的过去没有记录，理解随机和预测未来方法的关键在于要理解非量子力学世界的绝大多数事件都遵循弱大数定律。不管上帝是否玩抛骰子游戏，我们可以预测长远的趋势，且通常可以确定。[55]

伯努利的证据依靠的是纯数学组合，与随机运气没有关系。《猜度术》的译者伊迪丝·达德利·西拉告诉我们，伯努利用神学解释了之间的关联。她写道："……他确信，上帝一直清楚，有一些独特事件已经不证自明。"西拉采用"一直"一词指伯努利忽视随机成功率中的时间因素。她引用伯努利的话说："以同样次数相继抛一个骰子和同时抛多个骰子之间没有什么区别。"[56]

期望值

期望以期望值体现（定义见下文），犹如掌控不确定性的安全装备。它和标准方差（测量偏离期望的分布情况）为我们观察随机世界打开了一扇窗。期望值和标准方差是概率的基本要素。根据期望值、标准方差和基础代数学，我们至少能通过弱大数定律软测量出（如果不能直接计算得出）事件的可能性。在现实世界中，每一次抛骰子和乒乓球开奖都受大量几乎难以测量的可变力和环境（速度、轨迹、气流、旋转效果、角动量、碰撞力等）影响，而这些都可以通过数学测量得出。

1657年，荷兰数学家兼天文学家克里斯蒂安·惠更斯出版了《论赌博中的计算》，该书成为接下来半个世纪概率论的主要教材。[57]在书中作者首次以文字形式确认了成功次数和可能成功次数之间的区别。[58]

赌博完全通过运气决定，尽管结果不确定，但一个人的输赢程度是确定的。因此如果他第一次抛骰子中6点，我们不能确定他是否会赢，但他的赔率是固定的，可以计算出来的。[59]

惠更斯举例说明了赌博。这个游戏付费才能玩。一个人一只手藏3个硬币，另一只手藏7个，由你来猜任一手中的硬币数。你必须付钱才可以继续玩。但问题是：你应该付多少钱来玩？惠更斯的第一个建议给了我们答案，"如果我期望a或b，这两者成为我的运气的机会均等，那么我的期望值为 $(a + b) / 2$"。答案为5，即期望值（你期望得到的回报数额）或3和7的均值。我们无从得知惠更斯是否清楚他的见解对风险评估、赌博和科学未来的非凡作用。但他的确知道概率论的核心就是期望值。一位17世纪的数学家一来就知道了真相，这未免有些过早：大自然随机性的秘密，包括年金、保险、气象、巫术和赌博的行为都能通过计算期望值或多或少地得以预测。一般而言，期望值等于概率乘以奖金。绝大多数情况下计算出来的是所有可能值的加权平均数，其中权重为概率。概率乘以每一个值，然后各可能值相加。言之有理。毕竟，你期望从抛硬币游戏中一美元赢50分。

以得克萨斯乐透彩票为例，表5.1显示了和3、4、5、6位数匹配的结果。为了得出该游戏的期望值，将概率与每一可能匹配的奖金相乘，然后将所有匹配值相加。

表5.1

匹配	中奖金额	概率
6位数	头奖	0.000000038
5位数	$ 2000	0.00001115
4位数	$ 50	0.000654878
3位数	$ 3	0.013157894

如果假设头奖金额为200万美元，那么该期望值0.000000038（$2000000）+ 0.00001115（$2000）+ 0.000654878（$50）+ 0.013157894（$3）=

$0.171517582。换句话说，单张彩票实际价值仅为 0.17 美元。

概率论出现早期，人们用期望值测量风险，不知道它还可以测量集中趋势和中心值周围的分布情况，如图5.3（第42页）。

第六章

硬币连续正面朝上的概率

最离谱的预测莫过于断言理论上某事件可能发生却永远不会或不可能发生。

—— 彼得·梅达沃将军,《冥王的理想国》

根据世界卫生组织统计,全世界男婴出生人数与总出生人口之比为0.515。[60]某些地区或国家男女出生率相差很大。墨西哥的男女比率很低,美国和加拿大高于平均比率[61]。但是从全世界人口(70亿)来看,男女出生的概率几乎持平。原因很简单。人体精子的X和Y染色体的数量相同,它们与卵子中X染色体结合的机会相等。这是一个公平的抛硬币游戏。

硬币抛投一百万次后,我们可能期望最后几次硬币正面朝上。但我们可以期望看到连续100次正面朝上吗?摇币器告诉我们,虽然硬币抛掷轨迹存在随机干扰,硬币可以100%正面朝上。

公平的抛硬币正面朝上概率为1/2。从数学知识我们知道,随着抛掷次数增加,正面朝上和朝下的比率将越来越可能接近于1。经验判断混淆了最后一句话的意思,认为连续的正面朝下将由连续正面朝上来弥补。我们很容易受骗得出错误的结论,以为如果长时间硬币正面没有朝上,那么其出现的可能性将增大,尽管我们知道,理论上来说,每抛一次硬币,正面朝上或朝下的概率几乎一样。只是人们倾向于混淆结果和频数之间的差别。

硬币连续正面朝上的情况可能会发生。我曾经看到过。似乎听上去很奇怪,但想想:假设你抛掷硬币10次,7次正面朝上,那么硬币

正面朝上和朝下的比例为7∶3。一般的直觉会认为接下来的10抛，正面朝下的情况会超过6次，从而抵消前一轮多于期望值的正面朝上次数。但是硬币对曾经做过的事情没有记忆，只有观察结果的人才会记录历史。没什么可以阻挡接下来的1000次抛硬币游戏中正面朝上的情况发生，但如果真的发生了，我们会惊讶不已。

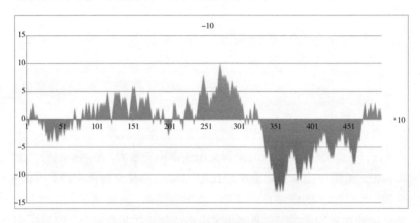

图6.1　正面朝上减去反面朝上的累积频数

图6.1是计算机给出的抛掷500次硬币的累积结果（+1代表正面朝上，−1代表正面朝下）[62]，横线代表0。正面和反面交替领先。这是机会均等的两匹马的赛马比赛。通常直觉判断认为抛硬币结果图应该是在横线0上下浮动，而不是像上图那样。但往往结果是图形长时段地偏向一边。

理论上的绝对随机和现实世界的绝对随机不同。在塑料球中旋转以确定彩票中奖号码的编号乒乓球并不是随机漏到通道上，不过对于观众来说，它们肯定是在产生难以预测的数字。美国足球赛上决定开球的抛硬币也绝不是随机的。事实上，抛硬币的结果是简单的物理学问题。摇币器可以任意次抛掷硬币——1000次，1000000次——以表明每次硬币都可能正面朝上。

抛掷硬币的最新实验表明，即使是完美的硬币，抛掷的轨迹也与开始的时候有偏差，抛掷结果取决于硬币的正态和角动量矢量之间的角度。换句话说，硬币的运动轨迹取决于它最初的条件。戴康尼斯、霍尔姆斯和蒙哥马利建造了一台投掷器，通过弹簧棘轮抛掷硬币。[63]任何开始正面朝上的硬币通过这个机器抛掷后仍旧正面朝上（100%）。由此可以看出，抛硬币游戏是物理学问题，不是随机的。人们抛硬币的手和环境中的各种变量都会导致看似随机的结果出现变化。

但是我们常被假象欺骗，当硬币在空中犹如慢速旋转的陀螺仪时，它看上去的确在转动。硬币运行的方向由其角动量矢量决定，而角动量矢量永远是向上的。因此正面朝上的硬币遵循轨迹运行时可能永远正面朝上，但给人以正面和反面旋转的假象。

如果抛硬币的结果由千里之外的地表震动或太平洋上爱管闲事引发混乱的蝴蝶来决定，情况就不同了。但不同既不指合情合理也不指透明可测。硬币抛掷结果或许随机性强，但人们对随机的感知往往与我们对随机结果的预感不一致。既然硬币对过去的结果没有记忆，如果抛掷时硬币连续100次正面朝上，我们不应该感到惊讶，但我们往往会惊讶不已。

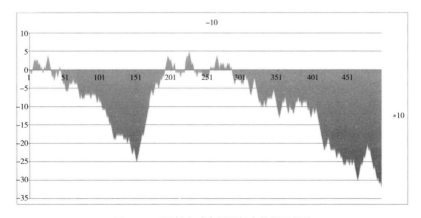

图6.2　正面朝上减去反面朝上的累积频数

图6.2向我们展示了一个奇怪的情况。抛投结果一直如我们所愿，

直到接近45次时结果出现反转，硬币正面朝下。接下来近105次抛投正面朝下都"非常抢手"！然后再次出现合理期，正面持续朝上，累积值接近0。然而在约第286次时，反面朝上再次领先。这并非违背我们的直觉，认为应该出现什么结果。随着抛掷次数无限增多，正面朝上和朝下的实际比例将逐渐接近1，只是我们短时间内难以看到这个结果。在第500次时，反面朝上为正面朝上的12倍。这两组数据看上去非常接近，但后续累积结果差异却很大。例如，看看图6.3展示的下一轮抛掷。

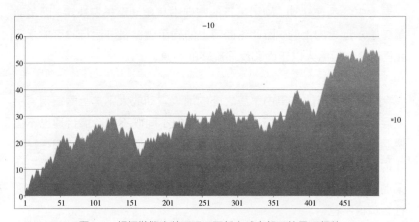

图6.3　根据抛掷次数硬币正面朝上减去朝下的累积频数

这一轮中正面朝上完胜。整个抛掷中都是正面朝上多于正面朝下，给人感觉正面朝下从未领先。

100万次硬币抛掷结果分解情况见表6.1，这是电脑生成的100万次虚拟抛掷结果。k/N为可观测成功率，其中k为成功次数，N为总体实验次数。表6.1右栏为可观测成功率和数学预测成功率差额的绝对值（硬币抛掷的数学预测成功率为$1/2$）。

表6.1　抛掷硬币100万次电脑生成表

N	k	k/N	$\left\lvert k/N - \frac{1}{2}\right\rvert$
2500	1254	0.5016	0.0016

续表

N	k	k/N	$\left\|k/N-\frac{1}{2}\right\|$
5000	2561	0.5122	0.0112
7500	3758	0.5012	0.0012
10000	5018	0.5018	0.0018
12500	6226	0.4981	0.0019
15000	7411	0.4941	0.0059
17500	8805	0.5031	0.0031
20000	10007	0.5004	0.0004
100000	49995	0.49995	0.00005
200000	99883	0.49942	0.000585
300000	150279	0.50093	0.00093
400000	200186	0.500465	0.000465
500000	250007	0.500014	0.000014
600000	300342	0.50057	0.00057
700000	349788	0.499697	0.000303
800000	400257	0.50032125	0.00032125
900000	449688	0.49965333	0.0034667
1000000	500010	0.50001	0.00001

有一些数学知识的赌徒通常会混淆事件结果和结果的数学概率。它们之间区别很大！对于公平的硬币抛掷，弱大数定律告诉我们，随着抛掷次数增多，硬币正面朝上和朝下的比例可能接近1。我们容易混淆的是，既然数学预测概率为1/2，那么长远来看，正面朝上的总次数将和正面朝下的总次数趋同。错！数学计算不是这样说的。它说的是从长远来看发生的可能性将趋于必然。即使从长远来看，它也并没有保证预期情况在任一单个情况下发生。

弱大数定律从未排除赌博游戏中不可能事件的发生，或迟或早。事实上，这是赌徒的另一个困惑点——即使成功率趋向数学预测成功率，也无法保证它会继续接近。此外，事实表明，稍微强大的数学结果告诉我们，尽管成功率可能趋向数学预测概率，实际的成功值往往表现更混乱。这有违直觉，但却是事实。

应用于成功率为p的任何事件的弱大数定律告诉我们，随着N增大，$\left|\dfrac{k}{N}-p\right|<\varepsilon$ 概率接近于1。假设硬币抛掷$\varepsilon=0.0001$（任意假设），$p=\dfrac{1}{2}$，$\left|\dfrac{k}{N}-\dfrac{1}{2}\right|$ 小于0.0001的可能性有多大？见表6.1，抛掷次数（N）少时$\left|\dfrac{k}{N}-\dfrac{1}{2}\right|$的

变化。但次数多时$\left|\dfrac{k}{N}-\dfrac{1}{2}\right|$似乎也不断变化。从100000到200000次，$\left|\dfrac{k}{N}-\dfrac{1}{2}\right|$增大。从800000到900000次时$\left|\dfrac{k}{N}-\dfrac{1}{2}\right|$增大，但100万次时$\left|\dfrac{k}{N}-\dfrac{1}{2}\right|$变小。这个变化让人误解，以为硬币正面朝上和朝下的差额应该接近0。但它未提及次数增多的情况下数值的波动。我们可以看出，随着抛掷次数增加，数值幅度增大。

这是怎么回事呢？似乎N越大，受大数定律的影响越小，因为大数太大不免出现小误差。

表6.2　表6.1细节

N	$k=$ 正面朝上	正面朝下	正面朝上–朝下	$(H-T)/N$	$\left|k/N-\frac{1}{2}\right|$
5000	2561	2439	122	0.0244	0.0122
67500	33371	34129	–758	–0.01122963	0.005614815
82500	41597	40903	694	0.008412121	0.004206061

硬币抛掷5000次，其中正面朝上2561次，正面朝下2439次，相差122次。误差为2.4%，似乎不是很糟糕。但我们并不清楚硬币正面朝上次数的分布情况，这122次正面朝上可能连续出现。如果这样的话，假设在67500次抛掷中，758次正面朝下连续出现，或者82500次抛掷中694次正面朝上连续出现（表6.2）。换句话说，如果N足够大，没有数学定律能阻止大量正面朝上连续出现的可能。

第七章

帕斯卡三角

我们徜徉在巧合的海洋中。

—— 佩尔西·戴康尼斯[64]

物理世界中没有完全对称，也建造不出公差极小或理想模型的机器。这是一个复杂的世界，各种隐藏变量相互交错，难以通过精确的测量确定事情的发生。因此常有偶然事件发生。我们经常用概率来解释复杂的偶然现象。

如果你不幸患上了罕见的骨髓增生异常综合征，你该怎么办？这是一种骨髓无法提供足够健康的造血细胞的癌症。你将会面临两难境地：要么接受骨髓移植，成功率为70%；或者安静地等待10年内死亡，概率也是70%。当然，移植手术也有风险：你需要化疗，如果出现感染，30%的概率你在接下来的6个月内死亡。

布莱恩·齐克蒙德－费希尔在密西根大学公共卫生学院教授风险和概率论，他在1998年也面临着这样一个两难困境。他被诊断为患有骨髓增生异常综合征，医生告诉他，如果不接受治疗，他只剩下10年的生命，如果接受治疗，恢复到正常生活的概率为70%。[65]他赌了一把，选择移植手术。这里的关键点在于，概率并没有针对特定的人。70%的比例来自全国各地数百（或许数千）个身处此境的个人的统计数据。数据结果指趋势和可能性，而不是个人结果。

以你认为罕见的事件为例。它发生的数学概率大概只有百万分之一，但这可能是因为它被当作小范围现象。比如，闪电击中一只过街

松鼠。当我们用熟悉的语言谈论概率时，我们只是抽象地谈论，而不是采用系统性方法证实这一术语。因此百万分之一一般用于美国某个大地区发生的事情。但美国幅员辽阔，我们只在坐飞机时俯瞰过它，我们从上空看到渺小的房屋、树木以及无边的绿地。我们未考虑那里有多少只松鼠，也不考虑一次有多少只松鼠穿过大街。科学家估计美国大概有11.2亿只松鼠，是美国人口总数的3倍。松鼠经常穿梭于街道。

美国有 11.2亿只松鼠，658万千米的公路，9826676平方千米的土地。在任何一天的任何一分钟里，平均有300只松鼠穿过马路。[66]这个数据似乎合理可信。雷雨天气下可能会有更多。美国每年平均有超过11万次的雷暴雨，夏天的雷暴雨比冬天多得多，这使得夏天闪电直接击中松鼠的可能性非常大。

自然界中每一件事都必须解释大量不确定的可能性。掷骰子很大可能取决于抛掷时在手中的初始位置，而很小程度上取决于房间里的声波。这仅仅是决定骰子落地的两个外部因素。它如何碰到桌子，它的平衡度，它如何从手上滚出去，以及它碰到桌子的弹性，都会影响到它最后到底哪一面朝上。

假设我们来玩一个游戏，这个游戏只有输赢，没有平局。X表示事件的结果，$P(X)$表示事件发生的概率。例如，如果你抛硬币，$P($正面朝上$)$为$1/2$，$P($反面朝上$)$也是$1/2$。美式转轮盘游戏的转盘上有38个不同的小方格，包括0和00。其中18个为红色，另外18个是黑色；0和00是绿色。如果你投注红色，$P($红色$)$为$18/38$，简单地说是$9/19$，而$P($非红色$)$将是$10/19$。如果你掷骰子希望得到1点，$P(1)$为$1/6$。

选择任何一个类似的游戏，玩4次后问：赢的概率是多少？0次？1次？2次？3次？或4次？这是一个值得研究的问题，因为真正的赌博是连续的输赢。想想琼·金瑟尔的4次彩票中奖？你或许还想知道在四次赌博中赢过半数的概率，或者至少赢两次的概率是多少。

假设 W 和 L 分别代表赢和输。输4次标为LLLL，赢4次标为WWWW。只有一种方法让4次全赢或者全输。那么4轮赢一次的概率是多少呢？4轮赢一次有4种方法，分别标为WLLL、LWLL、LLWL和LLLW。同样，4次只输一次也有4种方法。4次中赢两次的概率呢？赢两次组合为以下6种：WWLL、WLWL、WLLW、LWWL、LWLW和LLWW。这里我们没有考虑输赢出现的顺序，只是单纯地列出四个字母标记而不考虑顺序。在互斥事件中，即事件对之前结果没有任何记忆，比如轮盘赌或抛硬币游戏，事件两个不同情况发生的概率是每个情况的概率之积。根据我们在第四章所讲的，如果可能的结果是A和B，那么A和B同时发生的概率就是$P(A)$和$P(B)$的积，A或B发生的概率就是$P(A)$和$P(B)$之和。

现在我们来看看四轮赢两次的例子。简化起见，我们用p代表$P(W)$，q代表$P(L)$。赢一次的概率是p，因为赢和输是相互排斥的（也就是说，每一轮的结果都不依赖于前一轮），我们可以看到，四轮赢两次的概率是p^2q^2。这是因为你要赢两次和输两次，如果逻辑联系是"和"，概率要相乘。但是，正如我们所看到的，这可能发生在以下6种不同的情况下：WWLL、WLWL、WLLW、LWWL、LWLW、LLWW。

由于逻辑联系是"或者"，以上任何一种情况发生的概率则是$ppqq + pqpq + pqqp + qppq + qpqp + qqpp$，或简写为$6\,p^2q^2$。

如表7.1所示，已知三种游戏和彩票的p和q值，4次中分别赢0次、1次、2次、3次和4次的概率如下。

表7.1

赢的次数	赢的方法	赢的概率	轮盘赌中指向红色的概率	掷硬币正面朝上的概率	双骰子中7点的概率	赢得州乐透彩票的概率
0	1	$1q^4$	0.077	0.0625	0.4823	0.999999848
1	4	$4p^1q^3$	0.276	0.25	0.3858	1.52×10^{-7}

续表

赢的次数	赢的方法	赢的概率	轮盘赌中指向红色的概率	掷硬币正面朝上的概率	双骰子中7点的概率	赢得州乐透彩票的概率
2	6	$6p^2q^2$	0.373	0.375	0.1157	8.66×10^{-15}
3	4	$4p^3q^1$	0.224	0.25	0.0154	2.19×10^{-22}
4	1	$1p^4$	0.050	0.0625	0.0008	2.09×10^{-30}

　　根据表7.1，理论上来说，在轮盘赌和抛硬币两个游戏中，四轮玩家最有可能赢两次。我们可以列出这两个游戏玩一百轮的概率表，不过这个表会很长，且不切实际。我们可以假设抛硬币100次，正面朝上为赢，玩家最可能赢50次，但是玩轮盘赌100次，指向红色为赢的话，玩家最可能赢的次数仅47次。[67]谁也无法得知是哪47次。

　　请注意轮盘和硬币的对称性，骰子的轻微对称性和彩票的极度不对称性。表7.1中轮盘赌那一列的数据怎么样？以下柱状图显示红色为赢的次数和概率［图7.1（A）］，该图是以2为中心的斜对称图，而重心点（几何平衡点）似乎小于2。当游戏轮数增加到8次时，重心倾斜就更明显了［见图7.1（B）］。[68]

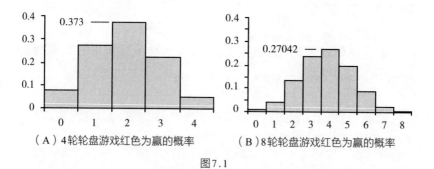

（A）4轮轮盘游戏红色为赢的概率　　　（B）8轮轮盘游戏红色为赢的概率

图7.1

　　增加轮盘赌次数，柱状图将更平缓。因为100次表现为柱状图会有101个长方形，而每个长方形都有一个单位宽的基底。[69]

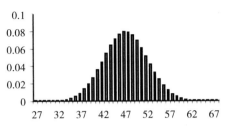

图7.2 100次轮盘游戏红色为赢的概率

图7.2就是所谓的频率分布图。每个数字对应的柱状高度告诉我们成功可能发生的频率。横轴上方分布的柱状面积总和为1。换句话说，柱状图面积代表所有可能事件发生的概率100%。绝大多数频率分布集中在32到62之间，最高的柱状为47。32之下和62以上的概率非常小，我们在这个图上看不到。例如，$P(31)=0.00034$，$P(63)=0.0006$。红色不太可能出现20次或80次，然而，就像所有的巧合一样，这也并非不可能。

对于抛硬币游戏，如果$p=q$，这是完美对称。但是p不一定要等于q，我们发现，如果p离q越远，斜对称越明显。在表7.1中，我们在左边的第5列中看到完美对称，而在第7列中却几乎没有对称。但是所有的计算都来自于第三列，这是所谓的神奇的"帕斯卡三角"，这是概率工具库的关键。

帕斯卡三角数字排列如下：

$$
\begin{array}{ccccccc}
 & & & 1 & & & \\
 & & 1 & & 2 & & 1 \\
 & 1 & & 3 & & 3 & & 1 \\
1 & & 4 & & 6 & & 4 & & 1 \\
1 & 5 & & 10 & & 10 & & 5 & & 1 \\
1 & 6 & 15 & & 20 & & 15 & 6 & 1 \\
 & & & \cdots & & &
\end{array}
$$

图7.3 帕斯卡三角

图7.3中的每一个数字都是上一行两个数字之和；例如，顺数第5行的第三个数字10是第4行上数字4和6之和。首先请注意这些数字的对称性，然后请注意，这些数字和我们增大两个变量（如 p 和 q ）之和的幂时所看到的数字相同。当我们增大 $(p+q)^n$ 的幂时，我们发现了相同的数。例如，当 $n=2$ 时，$(p+q)^2=(p+q)(p+q)=p(p+q)+q(p+q)=p^2+pq+qp+q^2=p^2+2p^1q^1+q^2$。如果我们列出 $n=1, 2, 3, 4, 5, 6\cdots$ 时的公式，我们得出下面的三角形数列。

$$(p+q)^0 = 1$$
$$(p+q)^1 = 1p^1q^0 + 1p^0q^1$$
$$(p+q)^2 = 1p^2q^0 + 2p^1q^1 + 1p^0q^2$$
$$(p+q)^3 = 1p^3q^0 + 3p^2q^1 + 3p^1q^2 + 1p^0q^3$$
$$(p+q)^4 = 1p^4q^0 + 4p^3q^1 + 6p^2q^2 + 4p^1q^3 + 1p^0q^4$$
$$(p+q)^5 = 1p^5q^0 + 5p^4q^1 + 10p^3q^2 + 10p^2q^3 + 5p^4q^1 + 1p^0q^5$$
$$(p+q)^6 = 1p^6q^0 + 6p^5q^1 + 15p^4q^2 + 20p^3q^3 + 15p^2q^4 + 6p^1q^5 + 1p^0q^6$$
$$\cdots$$

不管 n 等于几，二项式 $(p+q)^n$ 的展开式中的常数恰好是帕斯卡三角中的数。

这个三角形早在帕斯卡之前就出现了。[70]在帕斯卡发现这个三角形并以他的名字命名的100多年前，公元12世纪，它出现在中国代数学家朱世杰的著作中，后来出现在彼得鲁斯·阿皮亚努斯1527年出版的著作《算术学》的标题页中 [见于小汉斯·荷尔拜因的绘画作品《大使》（1533）中]。[71]如今在伊朗，这个三角形被称为"海亚姆三角形"，因为著名的波斯诗人及数学家欧玛尔·海亚姆在12世纪用这个三角形来寻求 n 次方根的计算方法。在中国，如今它被称为"杨辉三角形"，是为了纪念在13世纪把它引入中国的另一位数学家杨辉。在意大利，它被称为"塔塔利亚三角形"，用于纪念数学家尼可罗·塔塔利亚，这位数学家早帕斯卡一个世纪。然而，帕斯卡集合了很多关于此三角形的研究结果，并用于概率论。[72]

概率分布

图7.2显示了100次轮盘赌中红色赢的概率。我们从表7.1中的计算实例和二项式 $(p+q)^n$ 中的系数看到了该柱状图的形状。图中柱状的分布被称为二项分布。"二项"一词来源于基于两个单项式 p 和 q 的结构，当 n 增大，柱状图的顶部会变得更平缓，像一个钟形曲线。n 越大，曲线越平滑。

以 n 数值越大为例。n 的数值越大，我们在保留柱状面积即概率不变的情况下改变柱状图。因为每个柱状的基底的宽度都为一个单位，概率的分布由矩形的面积和高度来表示。通过巧妙的转换、缩小和放大，我们可以获得一个新的图，它可以保留所有原图有用的信息。[73] 当然，现在修订版的图中的纵轴不再代表概率。概率取决于矩形的面积。因为我们以同一因子放大了纵轴，缩小了横轴，矩形的面积不变。

我们获得了什么呢？这是一个奇迹，一个极具创意的想法。这个曲线图（图7.2中出现的二项式分布条形图）表示在100次轮盘赌中红色为赢的概率，该图可能和某个特定的数学曲线图非常相像。这里要理解的很重要的一点是，这条特定的曲线描述了大量由偶然行为引起的自然现象。令人吃惊的是，这个曲线图模拟了轮盘赌游戏，尽管它与小球落入红色口袋的轮盘没有明显的关联。更令人惊讶的是，这个曲线图同样模拟了抛硬币游戏。一条曲线可以模拟出这么多不同事件的概率。为了了解某一特定事件发生的概率，我们必须将信息输入模型中。我们必须提供两个数字——平均值（平均数）和标准偏差（偏离均值的结果分布情况）。[74] 通过这两个数值，我们能获得比如轮盘赌中成功 p（球落入红色口袋）的概率是9/19。一旦我们有了具体的 p 和 N（赌博次数）数值，就可以计算出我们在轮盘赌中红色为赢的标准偏差。[75] 它测量的是偏离均值的结果分布情况，通常称为标准方差。[76]

因此，每一个二项式的频率曲线都是通过数学技巧（通过移位和缩放）转换成特殊而强大的标准正态曲线图，如图7.4。[77]

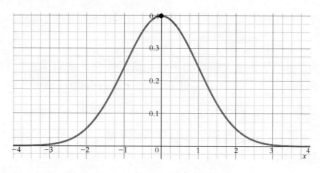

图 7.4[78]　标准正态曲线图

　　图7.4中曲线底部的数字是偏离平均值的标准差的次数。我们把试验归类为多组标准方差，无法看见单个事件结果的概率。图7.4中曲线下方的变量X为测量成功的次数与最有可能成功次数之间的偏差。所以横轴X用标准偏差来衡量。曲线的高度不再表示概率，因为它被按比例缩小以保持曲线下的面积。我们由此获得了很有价值的信息。第一，曲线下约68%的面积在平均值的一个标准偏差之内，大约95%的面积落在平均值的两个标准偏差内；第二，标准偏差由拐点标记。拐点所在的曲线形状由下凹到上凹。

　　尽管100次轮盘赌出现红色结果的标准偏差与100次掷硬币的标准偏差不同，两者的曲线却出奇的一致。曲线的解释也各不相同。尽管图7.4中的曲线可能与许多不同的赌博事件的概率分布相同，但坐标轴上的标记必须是特定的均值和标准方差。该数据取决于游戏次数和正面结果的概率。

　　当我们研究频率分布时，我们往往主要看偏离常态的偏差情况。但是，远离正常范围之外的情况会对总体累积结果产生毁灭性的影响。我们很少关注那个区域，因为我们主要考虑的是集中趋势和极可能发生的事件，而不是最不可能发生的情况。

　　我们是否考虑过不太可能或最坏的情况？或者，我们只是简单地认为它们太罕见所以不予考虑。它们是自然的巧合或偶然事件，是实在的偶然物理事件。尽管我们预测完美的抛硬币中，随着抛掷次数增多，正面朝上与反面朝上的比率将趋向于1，但实际游戏中正面朝上次数可能会远远超过反面的次数。例如，如果你抛100次硬币，正面朝上和反面朝上的区别可能是100，但不会超过100。倘若更保守一些，100次抛硬币中有41次正面朝上和59次反面朝上，正面朝上次数与总次数比为41%，反面朝上次数与总次数比为59%。听起来差别很大。正面和反面相差18%。然而，如果你抛硬币10000次（正如第六章所述），希望比例大大缩小，接近$\frac{1}{2}$，如正面朝上比为0.49，反面朝上比为0.51，你会发现其中4900次正面朝上和5100次反面朝上，相差200。

换句话说，即使比率缩小到1／2，差额可能越来越大。最重要的是，由于无法预测结果分布，我们发现随着抛掷次数的增加，连续正面朝上的概率也在增大。我们在第六章已经看到了这种情况。这意味着有可能出现连续正面朝上的情况。奇怪的是，当我们抛硬币1万次，这枚硬币也不知道（因为它没有记忆）它参与了游戏。我们可以抛1000次硬币，休息一下，再抛1000次，然后继续这样下去。每一次都可以算作新的开始。因此，1万次抛硬币中出现反面朝上和正面朝上相差200，而1000次中仅相差20，这是怎么回事呢？这200次是什么时候发生的？会不会全都连续出现在最后的1000次抛掷中？当然这也将是一个巧合，它和任何其他情况都有一样的发生概率！

理论上来说，轮盘赌游戏应设在某个我们从未见过的完全平稳的房间，精确的圆球在完美无暇的平衡轮上滚动弹跳，平衡轮下方设有间距均等的小口袋。真实的赌博发生在现实世界，球和平衡轮都由机器加工制造，偏差得到严格控制，但生产球和平衡轮的机器都是人制造的。理想与现实之间的联系很神奇但却错综复杂，无法解释的现象令我们头晕目眩。

理想世界VS现实世界

在现实世界中，我们可以通过观察制表和绘制的频率分布图来测

试轮盘赌轮子的公平性或偏差。这个图可能看起来不像完美的模型图，但是如果轮子确实毫无偏差，并且如果我们观察足够多轮数，那么观察结果图应该类似图7.4（至少形状相似）。如果我们演示n次实验，可以观察到n个结果O_1、O_2、O_3,...,O_n，概率分别是p_1、p_2、p_3,...,p_n，从而得出概率分布图。例如，掷骰子时，6面中的任何一面都可能朝上，每一面的概率为$1/6$。在公平的游戏中，实验中的概率分布图应该与理论上的分布图非常相似，在并非完美的现实世界必然会有差异。

在这个语境中，"完美"意指"数学上的"。了解真实的赔率需要将观察收集的数据和在完美世界中所预期的计算结果进行比较。赌徒可能知道赔率不会偏向他，但他希望现实世界能偏离赔率而支持他。这种希望来自一个执念——有人会赢。他冒着极大的风险挑战运气的数学期望值。

英国数学家卡尔·皮尔逊1892年7月至8月期间在蒙特卡洛赌场进行了为期4周的研究，分析了公开的中奖记录。结果发现，这些机械装置尽管尽可能精确，尽可能地调整适应赌桌，但它并没有完全遵守偶然法则。[79]假设数学计算精确，这些法则告诉我们，球落入37个轮盘赌口袋中任何一个的机会均等。

0口袋除外，球落入红色或黑色口袋的概率是相等的。[80]这就意味着如果轮盘转动次数非常多，球应该有50%的概率落入红色口袋。

然而，在花了两周时间研究了4274次蒙特卡罗轮盘的旋转之后，皮尔逊发现它们的标准偏差几乎是预期的10倍。公平轮盘赌上发生这样一件事的赔率超过$10^9:1$！皮尔逊写道："如果蒙特卡洛轮盘赌从地球上的地质时代开始旋转，假设这是一次偶然，我们就不应该期望类似两周一次的概率发生。"[81]

机缘巧合，皮尔逊偶然发现了一件不太可能发生的事，这可能是世界历史上仅有的一次。是否可以因此而怀疑轮盘赌的公平性呢？他的一名学生再次进行了为期两周的实验,发现一些不太可能却期望出现的结果,这些结果玩5000年不间断轮盘赌才出现一次。另一名研究人员在蒙特卡洛进行了两周的观察,研究了7976次旋转,计算出了轮盘赌的赔率是263000∶1。其他的实验也发现了同样的巧合。在1893年的一项研究中,30575次旋转得出赔率50000000∶1。皮尔逊指出:"如果根据公开的、公司没有拒付的收益来判断,根据机会法则,从精确科学的角度来看,蒙特卡罗轮盘赌是19世纪最惊人的奇迹……"[82]

理论背离实践不太可能,皮尔森写道:"这种偏离的赔率是$10^9∶1$。"[83]他的这个观察结果与数学预期的理论不同。著名的数学家沃伦·韦弗描述过20世纪50年代的一次事件,当时蒙特卡罗的轮盘连续28次出现平局。这种情况出现的赔率是268435456∶1。根据在蒙特卡洛每天的成功次数,这样的事件500年才会发生一次。[84]游戏专家约翰·斯卡尼描述了1959年7月9日在波多黎各的圣胡安酒店发生的一件事,当时轮盘赌中小圆球连续6次落在数字10上。发生这种情况的赔率是133448704∶1。[85]

如果游戏是公平的,我们所观察到的是极为罕见的事件,那么这个游戏并不真正公平;但是,我们从弱大数定律知道,如果试验次数足够大,极其罕见的事件至少发生一次的可能性是相当高的。

还记得著名的电影《卡萨布兰卡》中的巧合吗?它也是不太可能发生,在世界历史上仅此一次。在电影中,年轻的保加利亚女孩的未婚夫扬在玩轮盘赌,瑞克夜总会的老板瑞克·布莱恩试图保住他出境签证的钱。年轻漂亮且天真的阿尼娜曾向瑞克询问路易·雷诺警察是否可信,他答应要给她签证。

让我们回顾一下瑞克咖啡馆游戏室的下一幕:扬坐在轮盘赌桌旁。他只剩三个筹码了。瑞克走进来,站在扬身后。

服务员（问扬）：先生，您还下注吗？

扬：不，不，不了。

瑞克（问扬）：你今晚有没有试过22？（看向赌台服务员）我说，22。

扬看着瑞克，手里拿着筹码。他犹豫了一下，然后把筹码押在22。瑞克和服务员交换了眼色。轮盘旋转。卡尔全程都在注视着。

服务员：22，22。（他把一堆筹码推到22。）

瑞克：放那儿吧。

扬有些犹豫，但还是把筹码留在那儿。然后轮盘开始旋转了，接着停下来。

服务员：22（他把另一堆筹码推到扬那边。）

瑞克（对扬说）：把它兑换成现金，再也不要回来了。

扬起身去收银台。

一个客人（问扬）：嘿，你觉得这个地方可靠吗？

卡尔（操着一口可爱的侬地口音兴奋地说道）：可靠？就和漫长的一天一样可靠！

轮盘赌球落入口袋22的赔率是1369∶1。看电影时我们不会怀疑。这是虚构的，可以说很公平了。但即使是在现实生活中，在这个概率的公平比赛中，看到22连续两次中奖，我们也不必觉得惊讶。

第八章

猴子问题

我如果我在打字机键盘上"随意敲打",

有可能会敲出一句明白易懂的话。

但如果让一堆猴子在键盘上随意敲打,

大英博物馆可能要堆满它们的著书。

但这种可能性微乎其微。

—— 亚瑟·艾丁顿将军《吉福德演讲集》

我们经常被大千世界欺骗,它比我们想象的要大,又比我们想象的要小。一百年以前我们大都待在村镇附近,我波兰的伯父伯母无疑一辈子都没走出过他们的犹太人小村庄。今天,由于交通便利,我们经常与亲戚朋友撞个满怀也毫不惊奇。我们可以15个小时之内从纽约飞到香港,但这可能还不足以使我们完全洞察世界之大。可若我问你,在你阅读这段文字时世界上有多少人自杀,你可能会说0。但为了了解世界有多大,让我来告诉你。根据世界卫生组织的估测,平均每40秒就有人在这世界上的某一个地方上演一幕自杀,即平均每天2160人!国家不同数字也不一样。在印度自杀非法,但自杀率几乎是全球平均水平的两倍。

按照定义,巧合是无明显原因而发生的事件。对谁而言原因明显?这并不意味着事出无因。我们的世界通常以因果而运行。我说"通常",这是因为在物理、心理学和宗教中都存在非因果关系现象。但"明显"这个词告诉我们,我们一旦知道了偶然现象发生的原因,该事件就变成了简单的时间空间事件。这就表明巧合与受其影响的人们有关。同时也意味着这个不明显的原因仍有待于发现。若事件的发

生根本没有原因，那么事件就是偶然发生的。

从一副普通的洗好的52张扑克牌中抽出一个黑桃A的赔率是51:1。抽出任意花色A的赔率是12:1。这只是意味着在抽取13张扑克牌中，您抽到任何花色A的可能性很大，但实际结果如何是概率问题。

你连续两次抽到黑桃A的概率——抽到A后放回牌中，接着再次抽到A——为1/2704。但是假设你抽到黑桃A后，把它放回牌中再抽。你抽到相同牌的概率仍然是1/52，尽管前面开始说的是1/2704。要再次抽到黑桃A，必须发生两件事情，每件事的概率都为1/52。因此你的概率是1/52×1/52 = 1/2704。这看似矛盾，因为第二次不会比第一次难。

即使概率很低，再次抽到黑桃A仍然是可能的，根据经验，我们知道这种情况经常发生。你可以下注一美元赌你能连续两次抽到黑桃A，但是不要孤注一掷。最明智的做法是以不少于2703:1的回报下注一美元打赌两次抽到黑桃A，那样的话，倘若你有几千美金，你就可以玩几千次。哈哈！结果将是非常有可能至少赢一次。

当然，连续3次或4次抽到黑桃A的概率非常非常小。4次抽到黑桃A的概率是1/52 ×1/52 × 1/52 ×1/52，即1/7311616。不太可能但也不是不可能。这种情况下一美元都不要押。事实上，连续50次，或连续100次，或连续任何更多次抽到同一张A也不是不可能。

如果你连续4次抽到黑桃A，你也许会怀疑这副牌有问题。但概率很有趣。概率法则中没有任何规定能阻止黑桃A连续四次跳出来，正如我们没有办法阻止朝空中抛音符，音符落地后组成贝多芬鸣奏曲一事一样。你不会打赌往空中抛音符你就能写出像莫扎特一样的音乐。但肯定有可能通过往空中不停地抛音符而产生一首合理的鸣奏曲。

假设你正与其他十个玩家玩扑克牌。抽到梅花同花顺（如A♣ K♣ Q♣ J♣ 10♣）的赔率是2598959:1。为什么呢？因为抽第一张牌有52种可能，第二张牌有51种，第三张有50种，第四张有49种，最后一张有48种。因此抽到上面5张牌的可能为（52 × 51 × 50 × 49 × 48）。可是这个数字太庞大了。假定发牌按某种特定的顺序，会用什么样的顺序呢？这无所谓。你可能第一张、第二张、第三张、第四张或最后第五张牌抽到A。当第一张抽到A时，K剩下4次机会，Q剩下3次，J剩下2次，10剩下一次机会。因此，为了计算出发牌方法，我们必须用52 × 51 × 50 × 49 × 48除以5 × 4 × 3 × 2 × 1，得到2598960。这就意味着有2598959次可能性"不"按A♣ K♣ Q♣ J♣ 10♣这个顺序发牌，1次可能性按这种方式发牌。但抽到其他牌的概率也是如此。所有人都认为3♠ 6♥ 8♣ J♦ Q♠是无用的牌，抽到这种无用的牌的概率也是1∶2598959。这样想想："你"抽到A♣ K♣ Q♣ J♣ 10♣牌的赔率要比其他任何人抽到同一手牌的赔率小得多。

生日问题

至少有两种数学模型给我们提供了评估巧合的正确方法。一个是生日问题，它告诉我们，在任何23人为一组的组中，同一组中两人同一天生日的概率为50%。另一个是猴子问题：如果给予猴子足够的时间随机敲击键盘，它能否敲出莎士比亚十四行诗的第一行？

关于生日问题的讨论在网络和数学书中四处可见，也是课堂上探讨最多的话题之一，所以看起来这个问题好像讨论过多了。但是它也是我们思考巧合的模型，并且也许是我们目前最好的模型。

也许我们应该把它看作是一个巧合问题，毕竟我们讨论的是A和B同时出现在一大组的可能性。我们可能会问，这个组应该多大才能让A和B同时发生的概率超过50%？这个问题也可以概括为如何理解概率法则违背直觉。问题可标准表述为：在一组随机挑选的N人中，N应该多大才能使小组中两个人同一天生日的可能性大于50%？答案是$N=23$，这个数字小到令人意想不到。

计算出N并不难。假设$P(N)$表示N个人不在同一天生日的概率。首先假设$N=2$，那么$P(2)=365/365 \times 364/365$，因为两个人中的任何一人的生日可以是365天中的任何一天，去除另一人的生日。$P(2)$非常接近1。这个结果并不意外。假设$N=3$。与$N=2$类似，第三个人不能与另外两人同一天生日，所以$P(3)=365/365 \times 364/365 \times 363/365$。计算器很容易计算出结果。这样继续算下去，我们可以看到随着N的增加，$P(N)$减小。最后$N=23$，计算结果如下：

$$P(23) = 365/365 \times 364/365 \times 363/365 \times \cdots \times 343/365$$
$$= (1/365)^{23} \times (365 \times 364 \times 363 \times \cdots \times 343)$$
$$= 0.4927$$

表8.1和图8.1显示，$P(23)$（23人中没有2人同一天生日的概率）等于0.4927。反之可以推算出，一组23人中两个人同一天生日的概率是0.5073，超过50%。

表 8.1

N	2	3	4	5	6	7	8	9	10	11	12	13	14	15	16	17	18	19	20	21	22	23
P	0.9972	0.9918	0.9836	0.9836	0.9595	0.9435	0.9257	0.9054	0.8831	0.8589	0.8330	0.8056	0.7769	0.7471	0.7164	0.6850	0.6531	0.6209	0.5886	0.5563	0.5243	0.4927

图8.1　同组中无两人同一天生日的概率随同组人数的变化曲线

即使设计如此周密的问题，仍旧有假设影响答案。有的小假设忽略闰年。有的大假设忽视一个事实，即：生日并不像我们认为的那样随机分布在全年。我们知道生日倾向于聚集在一块，这可能与假期、自然灾害、季节和其他难以理解的失衡有关。

还有一些奇怪的地方。为了使一组中有3个人同一天生日的概率超过50%，你可能会想这个组的人数可能会接近23的2倍。正确的数字是88。4个人同一天生日的小组人数是187。[86]表8.2和图8.2显示了数据是如何增长的，其中k代表一组中同一天生日的人数。

表 8.2[87]

k	2	3	4	5	6	7	8	9	10	11	12	13
N	23	88	187	313	460	623	798	985	1181	1385	1596	1813

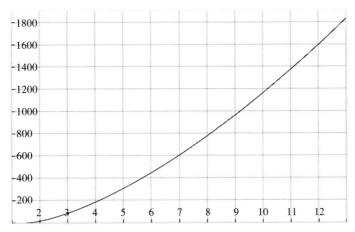

图8.2[88] k人同一天生日的概率超过50%的小组人数

标准生日问题最初由应用数学家理查德·冯·米塞斯提出。他出生于西班牙的加利西亚，1933年离开柏林，到伊斯坦布尔大学任职。他在流体力学、空气动力学和概率论方面作出了极大的贡献。他于1939年到美国哈佛任职。[89]

　　这个问题有很大的欺骗性。从某个角度看，这是一个组合数学问题。我们甚至可以把它看作是一个抛骰子的问题。就好比你扔一个有365个面的骰子23次，求同一个面着地两次的概率。这是一个假设的想象实验，因为不存在365个面的骰子。但换个角度看这个问题，将每一天编号，然后随机编排。或者可以将数字1到365打印在塑料片上，放入一个旋转的笼子里，随机抓 N 次，一次一个，然后放回。问：挑选 N 次后，两次抽到同一数字的概率 $P(N)$ 是多少？[90]

　　如果我们换一个问题：问在一次全国性会议上有多少人的社会保险号最后4位数字相同？这是一个类似的问题。唯一的区别在于365换成了9999，假设没有人的社会保险号最后四位是0000。如果这样，在118位与会者中，其中两人的社会保险号最后4位数字相同的概率超过50%。[91]最后4位数字没有实际意义，而且或多或少与人的出生日期没有关联。

　　正当我开始写这本书时，一位名叫艾格尼丝的线上杂志特邀作家，不知怎么得知我在写一本关于巧合的书。"亲爱的马祖尔教授，请原谅我这样一个奇怪的请求，"她在给我的一封电子邮件中写道，"遇到和你同月同日出生（不是出生日）的人（真正见面遇到，而不是在线搜索）的概率有多大？我遇到过两次，很有意思的是，两次都是在我生命中重要的时刻。"

　　在那之前我从来没有想过她说的这个复杂的问题。然而仔细考虑后，我很快发现，这个分析告诉了我们几乎所有巧合的基本数学应用。艾格尼丝并没有问一个小组中任意两个人同一天生日的概率，相反，她只想知道在一个小组中她自己与别人同月同日出生的概率。这个问题更难回答。为了区别，我们把她的问题叫作生日配对问题。

　　如何解答这个问题呢？我们不再谈论365天，而是成千上万天。这里的变量是什么？她的问题不是任意两人的生日相同，而是她的生日恰好与她的某个熟人相同。更难的是，不只是她认识的人与她生日相同，而是恰巧碰到别人，然后发现他们同一天生日。

　　如果艾格尼丝只对某人与她同一天生日的概率感兴趣，那这个问题很好解决。假定她的生日是7月1日。她真正的生日是哪一天并不重要。只要确定某个日期，或者换句话，把这个问题陈述出来，即求房间内某人生日在某一天的概率。生日不是7月1日的熟人的概率是364/365。艾格尼丝 N 个生日不是7月1日的熟人的概率为 $(364/365)^N$。所以，要计算出 N 个不和她同一天生日的熟人超过50%的概率，我们必须解方程 $\frac{1}{2} = (364/365)^N$，得出 $N = 252.65$。[92] 因此，艾格尼丝有超过50%的可能与253个熟人中的某一位同一天生日。但这仍是一个生日问题，而不是生日配对问题。艾格尼丝的问题更加深奥。艾格尼丝的巧合涉及她的出生年月日。为了简单起见，让我们假定她的大部分熟人年龄与她相差10岁左右，即相差±3650天。为了超过一半概率碰到和她同月同日生的人，她必须遇到超过5105个熟人。[93] 这似乎要见很多人。作为一个活跃的职业女性，她5年内肯定能遇到5105个熟人，平均每天不超过3个人。但为了讨论方便，我们把概率缩小。如果我们只希望概率为10%，那么只需要见面770次。这样问题就变成：她5年内能遇到多少个不同生日的熟人？此外，艾格尼丝至少需要遇到770个熟人，并且其中有1人与她同月同日生。

　　假设她五年内遇到 $N > 770$ 个不同的人，而且其中有些谈话的话题涉及生日。评估这个问题的难度不在于770个人中有1人是她的生日配对者，而是她碰巧遇到对方，通过不经意的谈话，偶然发现对方是她的生日配对者。这种事件的概率是多少呢？回答这个问题的难度在于估算她平时谈话涉及生日话题的频率有多高。假设10年内，每100次谈话中平均有1次生日话题。因此我们必须将熟人数量乘以100。换句话说，如果碰到1个熟人和她同月同日生的概率为10%，她需要遇到77000个熟人。如果遇到一个生日配对者概率要超过50%，她将必须遇到510500个熟人。但艾格尼丝告诉我们她遇到了两次！并且这两个人并非一般的熟人。第一次是为她接生的助产士，作为例行公事，对方要求她提供她的出生日期。第二次发生在十几年后，当时她

正乘坐机场巴士前往纽瓦克机场接她的父母。谈话中她告诉司机，她父母过来是为了庆祝她50岁生日。"为了将问题更推进一步，"她后来写道，"这两人都是我以前从未遇到的专业人士，他们也不属于我有必要认识的人，年龄与我也不相仿。"

因此无论如何，我们必须承认，她这两次偶遇确实不可思议。

生日问题的计算方法同样适用于忌日。有一个真实的事件：三位总统约翰·亚当斯、托马斯·杰斐逊和詹姆斯·门罗都逝世于7月4日。是的，约翰·亚当斯和托马斯·杰斐逊去世于同一年，即1826年。这似乎有点令人毛骨悚然。然而，对他们来说7月4日是一个重要的里程碑。我们知道，个人的求生或求死的意志和意愿可以让死亡提前或推迟几小时或几天。因此也许这些早期的总统只是锁定了7月4日死亡，尤其是亚当斯和杰斐逊坚守那一天就是为了见证《独立宣言》签署五十周年纪念日。所以这种任意性是有原因的，这不是巧合。

猴子把戏

猴子问题作为概率论中统计力学问题最早见于埃米尔·波莱尔1913年发表的文章"统计力学的不可逆性"（*Mécanique Statistique et Irréversibilité*）。该问题告诉我们，如果给予猴子足够的时间，让它随机敲击键盘，它可以敲出完整的莎士比亚著作。当然，足够的时间可能意味着无限的时间。英国物理学家阿瑟·艾丁顿爵士对随机性态度要宽容得多。1927年，他受邀在爱丁堡大学做吉福德讲座（Gifford Lecture：自1888年起，爱丁堡大学每年都邀请世界知名学者做吉福德讲座）时说："如果我的手指随意在打字机键盘上敲打，打字机屏幕上可能就会出现一个可理解的句子。如果一群猴子在打字机键盘上胡乱拨弄，它们可能会敲打出大英博物馆里所有的书。"现在让我们把事情简单化。我们不期望它们敲出大英博物馆所有的书，我们不期望它敲出莎翁的完整作品，也不期望一首十四行诗，只要它敲出一行诗句"shall I compare thee to a summers day（我应把你比作夏日)"。如果猴子能按照如下顺序敲出这些字母：s–h–a–l–l–i–c–o–m–p–a–r–e–t–h–e–e–t–o–a–s–u–m–m–e–r–s–d–a–y，我们会认为这是一个很大的巧合。这个可能性有多大？可能性真的很小！假设键盘只限于小写英文字母，猴子敲出"shall"的首字母的概率为$1/26$。因为敲击一个键与另一个键无关[94]，猴子敲出前5个字母的概率为$1/(26\times26\times26\times26\times26)=1/11881376$，但这是猴子第一次敲出前5个字母的概率。它应该有不止一次机会，应该说有很多的机会。想想猴子第一次敲不出前5个字母的概率。计算公式为：$1-(1/26)^5\approx0.99999991583$，接近于1。敲$N$次，还是没有敲出正确字母的概率为$[1-(1/26)^5]^N$。

当$N=8235542$时，猴子敲出莎士比亚著名的十四行诗的第一个单词的概率超过50%。图8.3显示敲击大约50000000次后都没有敲出"shall"的概率几乎为0。

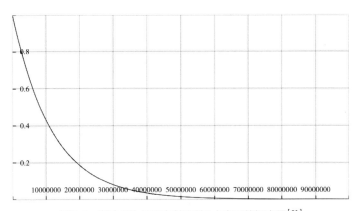

图8.3 敲击N次后没有敲出前5个字母的概率图[95]

将这个算法应用到密码保护上。它告诉我们，通过计算机程序随机检测字母，可以轻而易举地破解由5个字符组成的密码。现在即使是运行缓慢的中央处理器都能在10秒内运行50000000次。但如果你的密码多加一个字符，破解该密码的概率要超过50%则要在214124096次尝试之后。密码每增加一个字符包括混合字母，数字和符号或改变大小写，其破解难度呈指数增长。参见图8.4。

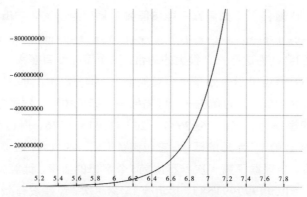

图8.4　破解N字符密码概率超过50%的尝试次数

随机键入π的前6位数的概率是0.000001，即百万分之一。如果每只猴子都有1000次机会敲出π的前6位数，1000只猴子中有一只猴子敲出π的前6位数的概率将超过50%，也许π根本不是一个特殊的数字，当然我们只是选取了π的前6位数。以π的前100位数为例。直到时光流尽，猴子随机选择数字写出π的前百位数的概率几乎为零。埃米尔·波雷尔曾在1913年就要我们设想了这样的一个情景：一百万只猴子一天10个小时随机敲击键盘。[96]

这些大字不识的猴子将一叠叠打印好的纸张收集起来，按卷整理好。年末汇总发现这些卷宗包括了收藏在世界最丰富的图书馆的各类书籍和各种语言版本。

詹姆斯·琼斯将军在《神秘的宇宙》中写道：[97]

我想是赫胥黎说的，他说让6只猴子在打字机前永不停歇地随意敲击数百万年，总有一天它们会把大英博物馆的藏书敲完。如果我们看看某一只猴子敲击的最后一页，会发现它碰巧敲出了莎士比亚的一首十四行诗，我们应该将此视为了不起的意外，但如果我们翻看猴子们数百万年来敲击的数百万张纸张，我们或许肯定能从中找到另一首莎士比亚的十四行诗。这是猴子乱敲打字机偶然发生的结果。同样，数百万年来在天空不停运行的数百万颗星星肯定见证了各种偶然事件，也肯定产生出一定量的行星系。

只是与天空中星星总数相比，这个数字肯定很小。

　　一群虚拟猴子模拟了猴子问题。2004年8月4日，计算机模拟猴子随机敲击键盘长达421625000000亿年后，敲出如下字符："VALENTINE. Cease toIdor:eFLP0FRjWK78aXzVOwm）–‘;8t...," [98] 出乎意料的是，这串乱码的前19个字符恰恰是莎士比亚戏剧《维洛那二绅士》第一行的前19个字符：VALENTINE: Cease to persuade, my loving Proteus（瓦伦丁：不用劝我，亲爱的普罗提斯）。

　　这一行字符前面9个字母都是大写，想必"大写锁定键"碰巧在某个短暂的时间内是打开的吧。当然，42×10^{18}万的5次幂是一个超级庞大的数字，但仅仅因为耗费大量时间，才按照特定顺序敲出这19个字符，并不意味着这19个字符不可能在更短时间内就完成。不可否认，第一次敲击就可能出现这一不可思议的巧合，但这不是不可能。意外的事情可能会发生，并且确实发生了。以DNA匹配为例，世界上是否存在两个不相干的人DNA完全匹配？这种概率极低，但不是不可能。实际上这个概率是十亿分之一。

第三部分　故事分析

相　遇

茫茫人海中，
多少次我们曾不期而遇，
各种巧合环环相扣、紧密相连，
让我们明白，
我们是谁，
我们为什么相遇，
又是谁在我们身边。

——约瑟夫·马祖尔

下面将逐一分析第一部分中的各类故事。

故事1：安东尼·霍普金斯的故事（类别：意外发现要找的东西）

故事2：安妮·帕里什的故事（类别：异地意外发现过去曾遗忘的东西）

故事3：破摇椅（类别：完美的时机，天赐的巧合）

故事4：金色圣甲虫（类别：不同时空中的梦境成真）

故事5：弗朗西斯科和曼努埃尔的故事（类别：在精确时间下的神奇偶遇）

故事6：出租车司机的故事（类别：不同时空中的偶遇）

故事7：葡萄干布丁的故事（类别：多次奇遇同一人和物）

故事8：弗拉马里翁的书稿（类别：自然因素导致的巧合）

故事9：亚伯拉罕·林肯的梦魇（类别：预示性噩梦）

故事10：琼·金瑟尔彩票中奖（类别：任性的赌运）

第九章

无穷的世界

如果罕见的巧合都是好消息，
带给我们的总是恩惠和祝福，
我想那是因为它向我们暗示，
我们的宇宙终究井然有序，
我们的存在都是天作之合。[99]

—— 亚历山大·伍尔科特

我们知道世界很大，但无法想象它到底有多大。女儿刚满8岁时我有时会和她玩游戏，希望她能感受到地球的广阔和数的大小。有一次她打了一个喷嚏，于是我让她猜猜此时此刻世界上有多少人刚打了喷嚏。她说200个，这对一个8岁的孩子来说已经不错了。我告诉她我猜有好几万人，考虑到目前世界人口已超过70亿，这个数字比实际人数要少好几位数，但女儿一听非常惊讶。今天，要回答某一刻全世界有多少人在读取条形码这一问题恐怕更难，我们在超市收款台不断会听到这一哔哔声。就以你读这句话的时间为例，猜猜这一时刻有多少条形码被扫描。我猜你肯定大大低估了这一数字。全世界一天扫描条形码的数量超过50亿。这意味着，在你读这句话时，有将近10万件商品被出售，这还不包括网络购物。这一数字可能有助于我们理解世界之大。但与更微观的分子层次相比，每秒钟被扫描的条形码数量却不足为道。

在这个原子和分子构成的物质世界，没有什么百分之百确定。因此我们必须从可能性而不是从确定性角度考虑问题。当然毫无疑问，我们确信明天地球会转动，太阳会升起，但人们往往用共同的人生经

验来接受世界上绝大多数预期的现象。通过完美骰子数学理论能预测真实的投骰子行为。骰子为白色立方体，圆边，通常制作并不完美无缺，这些骰子上凹陷的黑点并不会干扰它的对称性旋转。生产商要对骰子上6个黑色凹点负责，这些凹点能使骰子旋转时偏向某个点。[100]赌场的骰子制作偏差要接受严格的监管。与普通棋盘游戏使用的骰子相比，赌场骰子的期望均值更接近3.5。

大数定律巧妙地将数学理论与物理现象结合起来。它可以用来解释宇宙中的许多奇事和自然界的混乱状态。它甚至认为宇宙间许多结果都只不过是掷骰子和扔硬币产生的连续反应结果。

我们很容易相信不同时空中同时发生的事件不是偶然，而是冥冥之中的命运安排。事情果真如此吗？以墨汁消散在水中为例。将一滴墨汁滴入一瓶水中，整瓶水的颜色会随之改变。是墨汁注定要均匀地消散在水中？还是水的颜色只是偶然发生了均匀的变化？假设墨汁的颜色是蓝色。首先你看到一滴蓝色的墨汁从滴管中滴落。如果这滴墨汁没有溅落在水面，你会看到一个蓝色小圆点下落，变成各种有趣的形状。它会变成一个圆环体，圆环体又会延展成一个方形圆环，其中各角为圆点。这些圆点又将分裂成4个圆环体，然后4个变成16个，如此重复，直到撞到瓶壁或底部而消散。物理学根据作用在球状体上的力量可以很好地预测这一过程。因此这滴蓝墨水的命运可以根据物理学（即着色的表面张力，介质之间的压力/浮力关系，向前的浮力矢量和分子的速度）和数学预测。但如果它们撞到瓶壁，情况就会发生变化。表面张力变小，分子键震动，对称被破坏，任意因素介入进来。这时两种液体在形成新形态过程中受到干扰，难以回到任何形式的对称状态。分子开始扩散，液体之间的结合力向四方胡乱延伸。

如果墨汁轻微溅落到水面会发生什么情况呢？你将会看到墨汁缓慢下落，分散成壮丽的形状，像微风中的卷云。数分钟内，根据水的深度，水将变成均匀的蓝色，墨汁在水中扩散，没有了形状。[101]墨水有可能会恢复到原来的形状，不过这种可能性极小，我们完全可以忽略不计。至今没有人报道看到过这一情况发生。这种巧合的概率非常小，概率小数点后零的位数比地球上沙粒的数量还多。但这并不一定意味着这种情况不可能发生。从理论模型上来说，该现象区分了时间方向。墨汁滴落发生在过去，而水变成均匀的蓝色发生在现在。

瓶中水由清澈变成蓝色，这其中到底发生了什么呢？从分子的层面来看，蓝色墨水的每一个分子不只是漫无目的地游荡在水分子中。分子之间存在结合力，但不管分子朝哪个方向运动，这一规则有序的运动表面上看来似乎杂乱无章。

如果分子之间的结合力比较松散情况会怎样呢？我们换一个实验来进行说明。以研磨很细的咖啡为例。从一长方形冷水缸左侧倒入少量咖啡粉。图9.1从微观层面展示了发生的现象。图中黑色小点为咖啡粉末从左至右的浓度。几秒钟过后将发生什么变化呢？咖啡浓度从左至右、从上至下逐渐变化，最后整个水缸中咖啡粉末分布均匀。

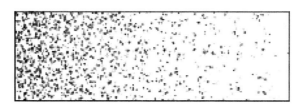

图9.1　咖啡粉末在长方形水缸中的扩散现象

你或许认为有一种力驱使咖啡粉末从浓度高的地方移向浓度低的地方。但事实上并不存在这样一种力。粉末对自己的去向没有偏好。咖啡粉末之间相互独立。它们受水分子的撞击四处胡乱移动。咖啡粉末的运动路径杂乱无章。为了更好地理解所发生的现象，可以在水缸中画一条虚线区分高密度区和低密度区，想想虚线上的粉末向右移动的可能性有多大。答案是粉末向左和向右移动的可能性均等。从左至右移动的咖啡粉末要多于从右至左的粉末，这只是因为虚线左边的粉末更多。因此最后粉末均匀地散落在水中的原因在于分子各方向移动的可能性均等。这也解释了高尔顿钉板实验现象（图5.3）。

热力学第二定律告诉我们，我们可以用气体做同样的游戏。取两个容器，一个注入一定气压，另一个空的。用一根空心管将两个容器连接起来，使气体能自由移动。容器中的气体会迅速扩散，直到两个容器的气压相等。气压均衡现象就是粒子四处分布这一普遍趋势的例子。这里还有一个惊喜：热水壶开水中的气体分子会像气球一样相互胡乱碰撞，随着时间的推移，你会发现每一个分子都会暂时回到最开始的位置。亨利·庞加莱用力学系统定理展示了这一现象。

如果在棋盘中央放大量的跳蚤会发生什么情况呢？很快跳蚤会四处跳动占满棋盘。正如冷水缸中的咖啡末，跳蚤只是毫无章法地四处乱跳。跳蚤跳开不是为了找到更大的空间，因为它即使跳到了更大的空间，它仍旧四处乱跳。它们只是胡乱瞎跳。如果继续跳，它们是否曾跳回到最初的位置？可能不会。但是，想想下面的假想实验。假设有两个桶。一个桶标为A，里面装有100个球，标号为1～100。另一个桶标为B，里面什么也不装。再假设有一桶筹码，编号为1～100。随意选上一个筹码读出上面的标号N。从A容器中找到标为N的球，将它放到B桶。放回筹码再重复这一过程。每次拿到筹码N，就将任一桶中标为N的球放到另外一个桶中。你能猜出结果会怎样吗？是的，桶A中球的数量成指数减少，直到两个桶中的球数量相当。但是随着A桶中球的数量减少，拿到与桶A中标号相同的筹码的可能性也随之减小。事实上，减小的比率与桶A中剩余的球数成正比。我再重复一次问题：你能猜出最终结果将怎样吗？结果似乎有违常理，令人惊讶，但毫无疑问，最终所有的球将回到桶A，不过这可能需要相当长的时间。庞加莱用力学系统定理作出了这个预测。[102]正如柏拉图和伯努利提到的，该定理提出了"万物复原说"，指出"随着时间的推移，万物最终将回到原点"。[103]已故的著名物理学家詹姆斯·琼斯爵士（因其在天文学和物理学普及方面作出的巨大贡献而被授予爵士称号）曾开玩笑地说，今天活着的人呼吸的都是尤利乌斯·凯撒（罗马共和国末期杰出的军事统帅、政治家）临死前的空气分子。

以上的例子解释得通是因为我们从大量事物出发。如果数目非常非常大，如一滴墨水中的分子数或地球上的人口数量，我们就更有机会将随机因素平均化，同时能清楚了解众人中个体的变化情况。

　　自然界的很多复杂现象或许都可以简单地解释为多次扔硬币或随机选择数字。从大量的随机数字中，偶然造就了一个不断发展的动态世界，蓝色的墨水毫无目的地扩散在水中，这些现象符合热力学定律，跳蚤胡乱瞎跳，散落在棋盘的四处，DNA毫无计划地多次出错复制，如此这般偶然地造就了独特的你我。

隐藏变量

　　隐藏变量带有欺骗性，让我们以为原因不在这，或者难以找到。部分原因在于世界太大，还包括连接各部分的无形作用。我们习惯局部思维，没有考虑组成大千世界（从亚原子粒子到各星系）中各事物之间的多种交互作用。

　　有时两个完全独立的变量通过第三个变量似乎有某种统计学上的联系。遇到这种情况，通过我们的数据分析方式或数据的显示方式，我们往往看到的是虚幻相关。如果我们准备简单地收集数学课上学生的考试分数和头发长度，我们很可能发现头发长度和分数之间呈正相关。头发长的学生很可能考试分数高。如果我们不考虑第三个变量，可能会得出如下结论：这个班上的学生考试要得高分就应该留长发。我们不能天真地忽视另外一个变量，如年龄和性别。头发偏长的学生或许年龄更大，刚好留着长发，或女生的头发通常比男生长。[104]另外一个例子是收入和大学成绩之间的相关性。我们或许会将之混为一谈，错误地认为一个人的收入由其在校成绩决定，这里的隐藏变量是学生愿意付出的辛苦工作量和时间。[105]

　　隐藏变量在统计数据相关性上非常常见。没有发现这些变量，我们必定会得出各种荒唐的结论，如"在大学要取得好成绩就应该抽烟"，因为"抽烟的大学生考试分数比不抽烟的学生高"。再如，最近在南太平洋的新赫布里底群岛上，大家认为虱子促进身体健康。数世纪以来，年长者无意中发现当地身体健康的人吃虱子，而身体不好的往往不吃虱子。他们得出结论认为虱子带来健康的身体。经过更仔细和有控制性的研究发现，岛上几乎每个人都吃过很多虱子。虱子也可能会引起发热，从而损害身体健康。这里容易混淆的是身体不好的村民恰好是发热和不吃虱子的人。"这个例子将因果关系混为一谈，曲解颠倒。"达雷尔·赫夫在60多岁写的畅销书《统计学会撒谎》中写道。[106]媒体经常对民意调查结果给出一些奇怪的解释：农场杀虫剂导致自闭症；电话线导致脑肿瘤；山葵茶导致肌肉松弛；有90％的医生认为早餐吃谷类食品有助于健康；胳膊长的孩子的推理能力比胳膊短的孩子强；每周松林散步一次会降低应激激素皮质醇、血压和心率；女性应该服用雌性激素以降低患心脏病概率；对患有心脏疾病的女性，雌性激素治疗将加大心脏病发病的概率。雌性激素治疗可能会使女性免患骨质疏松症和结肠直肠癌，但它也可能加大心脏疾病、中风、血栓、乳腺癌和痴呆等病症风险。[107]

以下是罗纳德·艾尔默·费希尔爵士的经典案例。对于很多生物科学家和统计学家来说，罗纳德·艾尔默·费希尔爵士是现代统计学和实验设计之父。他1890年出生于伦敦一个郊区，1962年在澳大利亚阿德莱德死于结肠癌。理查德·道金斯称费希尔是继达尔文之后最伟大的生物学家。

费希尔热情奔放，很受大家喜欢，他爱好广泛，勇于探索，热爱科学研究，乐观健谈，但对犯错、导致出错或散播错误的人偶尔会大发雷霆。他的字迹如同教学方法一样复杂难懂："一般的学生上费希尔的课很吃力，他讲课很快，往往只有两三个学生能跟上他的节奏，继续认真听讲。"[108]

费希尔早期是一名统计人员，在农业试验站工作。这个地方后来以实验设计开发而闻名于世。费希尔提出了我们今天的方差分析，建立了随机化原则，增强了复制的重要性。[109]他运用定量方法设计实验检验巧合，将52张扑克牌搭配，系统研究超感知觉。[110]该方法很实用，要求根据整套扑克牌的正常排序来设置计分系统。

很难相信像费希尔这样的生物学天才也曾支持优生学。这种误导性看法在20世纪30年代之前非常流行。他们认为如果政府不鼓励拥有"理想的"基因特质的家庭多生孩子，而劝阻"劣等"基因特质家庭少生孩子，那么基因品种会使文明衰落。

1958年8月，费希尔在《自然》杂志上发文说："有研究发现肺癌和抽烟习惯相关，这种关联令人费解。我们不会因此而轻易地认为，到达支气管的香烟燃烧物经过很长一段时间后将诱发癌症。例如，如果可以就此推断吸烟导致肺癌，基于同样的理由，我们也可以推断吸烟可以预防肺癌，因为肺癌患者比其他病患者吸烟更少。"[111]在《美国传染病学杂志》上，传染病学家保罗·施托利写道：[112]

这个问题很复杂，我之前提到过，关键要区分A导致B，B导致A，其他因素导致A和B这三种情况。情况是否可能是这样，吸烟是导致肺癌（即肯定存在患癌早期条件，明显的肺癌患者这一条件已存在多年）的因素之一？也就是说，我认为不能排除这一因素。但我们对此了解不多，还不能下结论认为它就是引发肺癌的因素。[113]

费希尔的论述不完善。了解到他对犯错者的火爆脾气，我们可以想象，当看到别人犯了和他同样的错误，过早地下结论，没有仔细研究所有的数据，他会有多生气。他没有意识到他自身的矛盾：他也吸烟。

遗憾的是，很多健康研究结果得出的成因和防治结论在大众媒体报道下草草结束。我们应该多吃鱼，少吃反式脂肪，不要居住在电磁场附近。这些健康建议可能导致其他危害。我们曾被告知，为了减少患心脏疾病的概率，我们应摄入维生素E、维生素C和β-胡萝卜素作为抗氧化剂。为了防止结肠癌我们应该多吃纤维素。我们曾被建议少

吃粗粮，然而数十年过后，又说要多吃粗粮。一些大规模观测研究无法证实这一理论。仅仅由于一个临床实验研究涉及数万的受试证实了一个假设，这并不意味着一个事件导致另一个事件。实验所能做的只是提供了假设成立的一种可能性。它最多只是提供了一个事件导致另一事件的间接证据。如果不确定原因，我们无法提供具体的建议。事实上，如果原因出错，建议带来的危害可能更大。[114]

这并不是说这些临床研究没有任何意义。它们留下了很多结果。例如，尽管我们不知道真正的原因，我们现在确切地知道吸烟和肺癌、心血管疾病有一定的因果关系。吸烟是原因之一。我们得出这一结论源于一次偶然发现 —— 第二次世界大战时期女性肺癌患病率高涨。当时美国女性突然大量地进入劳动力市场，开始吸烟。通过对比研究日本和美国女性，以及与美国女性的乳腺癌患病率相同的两代日裔美国女性表明，美国人的饮食和生活习惯和乳腺癌有关。问题在于确定因果关系很难。我们通常会遇到令人困惑的情况。当A导致C，而间接引发B时，我们往往认为一事件是另一事件的起因。

临床试验的问题在于他们没有做到随机。从来没有人要我做临床试验的受试。我们肯定好奇：那些受试者是些什么人呢？他们是志愿者。许多人是有偿服务，由与资助人利益有关的机构支付费用。换句话说，这些受试者来自一群特殊的群体，不是随机取样。因此研究的结果是暂时性的，于是再等10年或20年，又会有新的研究来质疑前期的研究结果。临床研究偏见很难避免。参与临床试验的受试者可能更愿意相信研究提出来的建议，认为这对自己有益。他们可能更瘦，身体比较健康。我们可以从统计学角度调整社会经济地位带来的影响，但效果不一定很好。[115]

另一方面，如果民众听取来自临床试验的健康建议，我们要知道一些事情。我们断定吸烟是导致肺癌和心血管疾病的诱因。如果这一结论是错的，我们应该看不到肺癌和心血管疾病大幅度下降这一现象。过去50年美国吸烟人口下降了57%。

历史告诉我们，我们现在相信的事情可能100年前的人们并不以为然。除了我们看到的、测量的和我们以为自己知道的，还有更多的东西有待我们发现。塞缪尔·阿贝斯曼在他的著作《事实的半衰期》告诉我们："我们不停地获得科学知识，结果在探索世界的过程中，事实每隔一定时间就被推翻。"[116]不管今天多么坚定的观念也不会一成不变。它们不过是操作性假设。宇宙中总有些许不可测性，我们的研究工具有限，因此我们不可能无所不知。

　　是的，我们有一定的局限性。自然界的事件依赖的变量太多，我们不可能一一测量。这就是忽略不确定原则。如果像扔硬币这样简单的事件就有无数个无法察觉的变量，想想导致像癌症一样复杂现象的变量吧。但是查找癌症的诱因和猜测嫌疑犯不同。有些科学家将第二次世界大战以来工业化国家肺癌患病率上升的原因归结于职业和新的工业产品。他们怀疑沥青，因为美国和欧洲都在大兴修路。然而，直到20世纪50年代末，许多研究将吸烟与癌症相关联，吸烟已明确为致癌的重要因素。统计学的任务不是找到原因，而是找到可疑因素。许多无法用规律解释或无法通过观测测量的自然关系可以通过统计方法找到相关性。

　　回到公元前5世纪，希波克拉底（古希腊医师，被称为"医学之父"）曾提到从树皮中提取的粉末可以缓解头疼和发热，这就是阿司匹林。自19世纪以来德国制药公司拜耳开始将它制成药片。但没人知道为什么1971年停止使用该药。当时英国药理学家约翰·罗伯特·文指出，阿司匹林能抑制某些分子化合物的生成，而这些化合物能调节肌肉组织的收缩和放松。自16世纪以来吗啡一直作为止痛药使用，但在2003年之前没人知道人的身体可以自发生成止痛物质。我们在弄清我们为什么做之前应该好好地思考这些事件。在没人知道细菌之前，吃饭前人们会洗手。现在我们洗得更频繁，外加抗菌肥皂，将有益的微生物也杀死了。我们要怎么才能知道有些细菌有益于我们的健康呢？

　　科学想弄清楚因果之间的直接关系，但这并没有要求我们弄清这

种关系。科学家或许会怀疑两个复杂现象之间的相关性。真正的问题是人类倾向于在本不存在关联的事物之间建立联系，并且习惯忽视难以预测的复杂关系。我们认为巧合是命运的安排。这可能是对的，也可能不对。在错综复杂的现象中，有些联系通过很长的间接关联巧妙地连接，我们无法设想它们之间的影响。

第十章

重温故事

我知道的一切都是安东尼告诉我的。

你真的应该叫他给你讲故事。

—— 乔治·菲佛

巧合能引起我们对概率的兴趣。没人怀疑这些故事极其罕见，但要将世界时空缩小的故事得多么罕见呢？

故事1：安东尼·霍普金斯的故事

霍普金斯的故事或许只是其中一个同步发生的故事。想想《傻妹闯情关》这本书可能放置的地方有多少。想想霍普金斯发现这本书之前还有多少人曾捡到过它。想想为什么霍普金斯发现了这本书，而这本书又恰巧属于乔治·菲佛。再想想霍普金斯坐在书旁却没注意到它的可能性。类似这样的故事 —— 或者是更精彩的版本 —— 或许也发生过，只是霍普金斯从未知道，我们也从未听到过。这个故事这么吸引人的一个原因是它和一个特殊的人有关，并且还是一个名人。这个故事精彩的绝大部分原因在于我们认识故事的主人公。霍普金斯这个故事真的非常巧合吗？我们认为它是，但这种感觉从何而来呢？故事或许很精彩，但我们需提供什么证据呢？没有数据我们无法计算可能性。

是的，这可能是一个同步性故事。但为了区分同步性和数学合理性，我们来看一组数字：遗留在地铁站的书的数量，伦敦市中心区书店的数量，每天来市里查找特定书籍的人数。这个故事发生在1976年。这个时间很重要，因为当时没有网络，没有亚马逊网上购物，出门逛

书店非常常见。那个时候最容易做的事就是逛书店打发大量时间。

要分析霍普金斯的故事，我们必须考虑伦敦这个大城市。就在我写这些文字的时候，伦敦共有111家独立的小书店。如要生存下去，每家书店平均每天必须有10位客人买书。保守估计这些书店每天必须出售1000本书。更现实地估计应该是约3000本。有些人来浏览，有些人来找想要的书，还有些人只是进来避雨或消遣时间。假设每天只有100人来买书名为《X》的书。

不可能这100人中的任何一人在地铁站候车凳子上都能发现他们要找的书。但我们可以想想有多少人意外地把书落在公共场合，又有多少人故意在列车离开时把看完的书丢在地铁上和地铁站。

如果《X》在首次发行时比较受欢迎，第一个月最少销售了1000本。这些书去向哪里了呢？有些可能没来得及看，在某人家里的书架上睡大觉。有些可能进了二手书店，还有些可能丢在了公共场合。

我估计《傻妹闯情关》的销售量在1万册以上。这样根据大数定律，霍普金斯事件的发生概率介于小和合理之间，至少会发生。那会怎样呢？假设有10本书落在了伦敦的公共场合，有些在公园凳子上，有的在咖啡馆、候车室、酒店大堂，等等，这种猜测合情合理。假设p为有人来到以上10家书店的附近找这本书的数学可能性。N为到伦敦寻找这本书的人数。这N个人很有可能会注意到丢在公共凳子上的书。因此问题来了：有人看到这本书的概率p是多少？怎样计算得出p？遗憾的是不像掷骰子或玩扑克牌，这种情况下的p没那么容易计算出来。计算出p的具体数值几乎不太可能。

不过有一种方法。我们可以在电脑上建立一个模型，模拟靠近和远离他们搜寻的目标的人。这不容易，因为存在很多与人的想法及其经历有关的隐藏变量。但这个模型可以告诉我们一个近似概率p的数值，而这个数值我们现在无法计算出来。另外一个更简单的方法是依靠直觉想象人们在大街上找东西时的行为生成记忆图像。是的，这有带偏见的主观感受之嫌，但这能让我们更深入地思考这一问题。

我们偏离了安东尼·霍普金斯和乔治·菲佛的故事，基本了解了来伦敦买书的人在公共场合找到要买的书的可能性。这个工作要容易得多。计算出结果后我们会发现这个可能性很小，这样我们就会发现霍普金斯和菲佛的故事可能性小多了。因此我们像数学家常做的那样：给出我们想要得到的数值上界（这里指他/她成功找到想要的书的概率边界）。我们还可以像数学家常做的那样做点别的功课：意识到真正的问题后处理起来要复杂得多，因此简化问题，澄清真相。

伦敦是一个大都市，有6万条街道，3000多个小型公园和花园广场，8个大型皇家公园，111家书店和276个地铁站。但如果回顾一下霍普金斯故事的关键词，我们将范围缩小。霍普金斯说他在海德公园广场附近的地铁站发现这本书。乔治确认说他把这本书送给了一个朋友，但朋友在海德公园广场附近弄丢了。离海德公园广场最近的地铁站是大理石拱门站，这一站经威格莫尔街半小时直达查理十字街的大英博物馆附近，这里有伦敦最大的书店。这样就可以将霍普金斯的搜索范围限制在以查理十字街大英博物馆为中心的约3千米内。这一区域有将近1000条街道。但其中很多街道很短，书店很少，很少有人会在这些主街道上找书。并且容易丢书的地方通常在人多的地方，如地铁站或休闲场所如公园。

这个故事的核心不是安东尼·霍普金斯，也不是《傻妹闯情关》这本书，而是有人某一天在一个非常意想不到的地方发现了这本书。

假设有N个人在书店穿梭，查找他们要的书。我们将他们搜索的范围限制在以大英博物馆为中心的3千米内。另外假设这个区域内有10本书落在了公共场所。N个人中是否有人在这10本书中意外发现他们要的书呢？如果N这个数值不大，或许没有人。这是一个非常粗略的思维实验模型，但也没有你想的那么简单，因为搜寻书的人不是

在伦敦盲目地乱转。他们更可能在不同寻常的地方发现这些落下的书。现在假设 N 是一个很大的数字。我们希望通过一天的寻找，他们能找到的丢弃的书为 $k \leqslant 10$，因此找到书的成功率约为 k/N。换句话说，N 次尝试中有 k 次成功。根据弱大数定律，当 N 足够大时，成功率非常接近 p。因此问题变成：N 要多大？当然，如果 $N = 10000$，k 很可能大于 0。尽管伦敦大都市人口超过860万，没人想到某一天会有1万人在伦敦各大街道胡乱地找书。然而，如果我们把时间设置为一年，假设每天有100人在书店找书，其中许多是多次找书的人，则 $N = 36500$。两年则 $N = 73000$。N 数值越大，成功率则更可能超过50%，73000中会有一人找到他要的书。为什么刚好两年呢？为什么不是10年？为什么刚好在伦敦？我们可以美国为例，美国一共有22500家书店，或者以整个世界为例。大数定律告诉我们不要低估世界的大。

这个模型具有创新性，但它没有告诉我们全部真相。隐藏变量无处不在。找书的人可能就在书的附近却没有看见它。并且我们看到，如果要 N 个人中有人找到他们要的书，N 必须足够大，远远大于73000。因此这种事情发生的可能性远比我们想到的 k/N 小得多。

弱大数定律告诉我们，如果 N 足够大，p 和 k/N 之间的差额会很小。我们可以假设，如果 $N = 73000$（时间为两年），那么 k 至少为 1，如果我们大胆假设 N 足够大，$P\left[\left|\dfrac{k}{N} - p\right| < 0.001\right] > 0.5$。这告诉我们，有大于一半的机会，有人找到想要的书的可能性为：$1 \div 71428 \approx 0.000014$，接近玩扑克牌时拿到同花顺的概率，这个概率不是很低了！

以上说明实际概率的上界不是很低。真实故事发生在具体某人身上的可能性要小很多。因此，尽管我们不知道原始故事发生的可能性具体多大，但我们确实认为这类故事不是很罕见。

问题关键不是霍普金斯发现了《傻妹闯情关》小说，而是他发现的那本书刚好是乔治的！这种巧合发生的概率相当小了，除非……除非乔治说过他在那附近丢过书。

故事2：安妮·帕里什的故事

　　安妮·帕里什的故事不同。帕里什只是在书摊前随意浏览，不是特意寻找书，更不用说她自己的书。分析完霍普金斯的故事后，我们能够看出帕里什的故事不是那么少见。

　　如果我们对安妮·帕里什的生活一无所知，可能会觉得她的故事听起来令人吃惊。故事没有明显的原因。亚历山大·伍尔科特（当时杂志《纽约客》的文学评论家）认识安妮·帕里什，在她在世的时候把这个故事写了下来。他这样写道：

　　　　如果我们善于抓住生活的节拍，或许一定程度上，我们的乐趣就在于神秘的未知宇宙带给我们的震撼。至少当我第一次听到这个故事时，我如获至宝，觉得当安妮·帕里什穿过街道走到那个书摊前时，在宇宙的某个角落有一颗星星在窃笑——一边笑一边跳。[117]

　　让我们将故事理顺。安妮的母亲也叫安妮，但一般大家叫她安，她1860年和玛丽·卡萨特（美国画家）在宾夕法尼亚州的艺术学院学习绘画。安和玛丽·卡萨特是好朋友。玛丽成了著名的印象派肖像画家后，移居到巴黎工作生活，并与两位印象派肖像画家埃德加·德加和卡米耶·毕沙罗成为朋友。是否有可能安将这本书送给了她的好朋友玛丽，后来玛丽把书带到了巴黎？玛丽于1926年去世，她的遗产和藏书可能也随后分散了，安妮·帕里什那本美国的书"或许"在1926年至1929年某个时间"漂"到了巴黎的书摊上，直到后来安妮·帕里什发现它。

　　我们再往后面想想。如果你1929年从美国去往巴黎，有可能在参观过程中你来到了塞纳河边的莎士比亚书店和这个书摊前。这是买卖二手英语书有名的地方。如果你是儿童作家，你很可能到处翻寻儿童书架。事实上，我认识的绝大多数作家只要有机会，就会到书店搜寻——尤其是他们创作的题材类型书架。这样说来，我们这个故事中

有一个很可能的关系链，将塞纳河书摊上的《雪人情缘及其他故事》与最喜欢这本书的小女孩连接起来。

不过稍等。所有的巧合时间点很重要。安妮一定得在这本书出现在塞纳河畔书摊上时人在巴黎。一旦她去早了，或者在书被人买走后再去，她都会错过机会。说不定另一个美国人已经把书买走了带回了美国，给安妮创造了另一个机会。但这个故事远没有之前的巧合令人惊讶，那本书一路从美国到巴黎又再次返回，这背后隐藏的故事大大弱化了故事的惊喜程度。

设定概率值很难。但我们不妨来试试。首先，我们猜测安妮可能1929年夏天去巴黎。这个可能性的保守值接近0.1。安妮与一位富有的实干家结婚。巴黎和希腊的海岛航行是1929年美国富人首选的欧洲度假胜地。安妮在巴黎逛书摊的可能性有多大呢？我认为可能性为0.3。最难猜的是这本书出现在书摊上的可能性。现在背后的故事要发挥作用了 —— 安妮的母亲和玛丽的关系，玛丽的去世，以及巴黎为数不多销售二手英语书的地方。我估计这个可能性值接近0.01。因此这个故事发生的概率为：$p = 0.1 \times 0.3 \times 0.01 = 0.0003$，发生的赔率为3331：1。不太可能，但不低于为某本书特意去某个城市，然后在公共椅子上找到那本书的可能性。故事中还有很多难以说明的隐藏变量使我们的估测复杂化，但这也不会使可能性改变超过1/10000，因此安妮·帕里什故事发生的概率稍大于拿四张相同的扑克牌的概率。

故事3：摇椅的故事

安妮·帕里什故事的优势在于时间点比较松散。《雪人情缘及其他故事》或许在那个书摊上躺了数月之久，如果安妮另择时间去巴黎，说不定它还要继续数月待在那里。

摇椅故事要求发生的时间点很精确。如第二章中所述的故事细节：我哥哥住在马萨诸塞州的坎布里奇，他家客厅有一张摇椅。我太太在坎布里奇的一家商场订购了一张一模一样的摇椅。可是商场当时没有存货，因此计划几周后直接送到我哥哥家。一天我哥哥在家举办小型聚会。一个客人坐在摇椅上，不巧将摇椅坐裂成几块。几秒钟后门铃响了，有人送新摇椅来了！

像其他类似故事一样，很难计算出它的概率值，但我们至少能够知道它发生的概率水平。

这是一个典型的同步性例子。但想想这些变量。预定的是一张同一牌子同一设计的摇椅。这个事实促成了这个故事，而不是这个巧合。我太太看到我哥哥客厅的摇椅后想要一张一模一样的。可能我哥哥告诉她哪里可以买。第一个变量是我太太去买时商场没有摇椅存货。如果有存货，故事也就不会发生了。

第二个变量是那个客人的到来。他当时来参加聚会的可能性很大。他是我哥哥的朋友，经常过来造访，我们可以估测他来参加这次聚会的赔率大于 $9:1$，即 $0.1 < p_1 \le 1$。当然还有他选择坐那张摇椅的概率。这很容易计算。我记得哥哥家客厅有两张沙发，共能容纳6人，还有4张椅子，包括这张黑色的摇椅。如果座位是随便坐的，再如果当时还没有人落座，那么那位客人选择坐摇椅的概率 $0.1 < p_2 \le 0.01$。但人们通常不会随意选择椅子坐，尤其当客厅还有摇椅。因此如果对这位客人不了解，我们很难估算出这些概率。为了论述方便，我们暂且同意 $0.1 < p_2 \le 0.01$。

摇椅破裂的时间点很难判断，即客人一坐上去摇椅就破裂的可能性。我们只能假设摇椅快要坏了。考虑到最后我们不得不给估测一些自由度，我们只能如此假设。

送摇椅的时间点相对来说更容易锁定。如果摇椅断货，卖方确定两周内送货，那么预计摇椅将在第二周上班时间的某一个时间段送来。一周的上班时间为3360分钟。像故事描述的那样，我们可以将故

事精确到门铃响起的那一秒。不过为了避免夸大细节，我们把时间精确到分钟。故事笑点恰到好处。因此客人坐坏摇椅之时门铃响起的这一可能性 $p_3 = 1/3360$，约为 0.0003。我们可以由此得出，故事发生在这一特定群体身上的可能性为 $p = p_1 \times p_2 \times p_3$，可能介于 0.0000003 和 0.0003 之间。直觉认为这个故事发生的可能性几乎没有。赔率在 3333332：1 和 3332：1 之间。至少比买彩票 4 中 1 的概率还要低。最多好过玩扑克牌时拿到 4 张相同的牌的概率。

故事 4：梦见金色圣甲虫

圣甲虫（又名金龟子科）是特殊的甲虫物种。它们体型大，呈金色，生有大头棒似的触须，特征明显。美国常见的是六月鳃金龟和日本金龟子，也为数不多。卡尔·荣格的患者曾告诉过他一个关于金色圣甲虫的梦。当时他刚好背靠窗户坐着，窗户是关着的，他听到窗户上传来轻拍的声音。他转过身去，看到一只飞虫从外面敲打窗玻璃，好像要引起他的注意。他打开窗户，抓住了往里钻的飞虫。的确是一只圣甲虫。荣格将这个故事称为同步性的典型案例，指两个事件聚于同一时空中同时发生，不能用偶然意外解释。

如果金色圣甲虫之梦属于同步性的例子，那么我们无法得知其发生的概率。它和摇椅故事分属不同类别，但它们也有相同点，即时间非常关键。如果圣甲虫晚半小时敲打窗户，故事就是另一种景象。宇宙中或许有同步性故事，但这个故事显然有一定的偶然性。如前所述，我们应该记住，这位年轻的女性患者的梦引发了集体无意识这一隐藏变量，我们不能忽视这一点。

六月鳃金龟在 6 月很常见。或许这位女性患者做梦时刚好有一只六月鳃金龟在敲打她的窗户。如果她睡觉的时候听到了，可能就影响了她的梦。我们的梦往往是受真实声音和光线影响的有意识和无意识经验的混合产物。在雷暴雨中熟睡的人可能梦见遇到暴风雨。因此我们的问题是：女性患者做梦时圣甲虫敲打窗户的可能性是多大？她在向荣格医生描述梦境时圣甲虫敲打她的窗户的可能性有多大？

荣格没有告诉我们这个故事发生的月份。可能是6月。根据我遇到圣甲虫的经验，我觉得第一个问题的答案是1/30。我至少每年（几乎都在6月）看到一次六月鳃金龟敲打我的窗玻璃。第二个问题更难。圣甲虫敲打荣格窗户的概率也是1/30，但这没有考虑另外两个事件的关键时间点，即女患者做梦和荣格看到圣甲虫敲打他的窗户这两件事之间的间隔。我们必须作出假设。受灯光的吸引，六月鳃金龟主要在晚上敲打窗户。女患者认为这个梦很重要，在和荣格医生会面时告诉了他，这也证明了这个梦很罕见，很可能被敲击窗户的圣甲虫打断。我们保守估计她是在6月的某个晚上做了这个梦，那么这个梦与圣甲虫敲打窗户在同一晚发生的概率为 $\frac{1}{30} \times \frac{1}{30} \approx 0.001$，或者说赔率为899：1。

假设这位女患者每周见一次荣格医生，每次一个小时。再假设荣格医生平均每天见6位患者，周末除外。那么整个6月荣格医生共和患者见面就诊132个小时。而圣甲虫之梦就包括在其中，可能10分钟时间讲完。如果以10分钟为节点，6月份132个小时共有792个节点。这意味着整个6月圣甲虫在女患者讲述圣甲虫梦的时候敲击窗户的概率为1/792。因此这种情况发生的概率为：$\frac{1}{30} \times \frac{1}{30} \times \frac{1}{792} \approx 0.0000014$，小于拿同花顺的概率。

故事5：弗朗西斯科和曼努埃尔的错误邂逅

弗朗西斯科和曼努埃尔的巧合不在故事本身，而在于写巧合故事的作者坐在那里听到亲身经历者说着这一故事。我们从这个角度来分析这个故事。弗朗西斯科和曼努埃尔这两个名字不重要，可以是其他名字，如比尔和琼，或弗兰德和弗雷德丽卡。这个故事也可以发生在世界任何一个地方。甚至不一定非得是关于两个男人和两个女人的故事。如果将故事抽象化，我们会发现，这是关于两对人的故事，每对名字相同，第一次在某个地方见面。

现在故事就变成名字配对计算了。世界上有多少名字,其中有多少对名字在一年内的某个时间会遇到?我们根本无法做这个预测。仅在人口为58000的奥尔比亚市,在我写这本书的时候,名叫弗朗西斯科的就有2834人,叫曼努埃尔的有276人。[118]但有一个情况可以确定:全世界同名之人数目很大。实际上是巨大!这类认错人的故事不是很罕见。更不同寻常的是这两对人聊了半天还没意识到他们不是各自要找的人。诚然,这种没在意的情况要少得多。我们设定的这些限制又使这一数字变得更小了,大概数百个。

我们可以大致猜测这种故事发生的概率。假设奥尔比亚市有2834位名叫弗朗西斯科的人,我们要知道任意一天有多少个曼努埃尔从马德里到达奥尔比亚,其中又有多少在狄帕兰酒店大堂和某个陌生人预约见面。[118]明天早上两位名叫曼努埃尔的人将在酒店大堂和两位名叫弗朗西斯科的人见面,他们彼此互不相识。我们可以计算这一可能性。我们可以上午在大堂询问客人的名字,查询他们是否来此约见陌生人。如此10天为一阶段,我们可以计算出所有名叫曼努埃尔的人每天来大堂的平均数,将它除以每天来酒店大堂的人均数。得数可能为0。但如果我们将时间扩大到365天,得数将很可能大于0。当然这种概率计算法非常耗时耗钱。

我们还可以采用另外一种方法。首先计算出每天到达奥尔比亚市的人数。撒丁区是一个岛屿,客人造访此地只能是靠船或飞机。以飞机访客为例,2013年9月前,伊比利亚航空公司只有一个直达航班。但自从我和我的太太离开后,奥尔比亚市遭受暴雨洪水,半个城市被毁。唯一的直达航班被取消,至今没有恢复。首先找到从马德里起飞的一站式航班数(10),以及空客320和340中这些航班的平均乘客数(200),计算得出从马德里平均每天有2000人到达奥尔比亚。由于奥尔比亚是一个非常受欢迎的旅游目的地,到达这里的游客几乎都不会当天飞走。

当然,夏天至冬天到访的游客数会有波动。从马德里的一个电话簿样本我们发现，在马德里有1.3％的人名叫曼努埃尔。我们可以保守地估计，从马德里的10架航班中只有1/4的乘客（500）来自马德里及其郊区。我们由此可以计算得出，奥尔比亚平均一天接待6.5个名叫曼努埃尔的新游客。有些可能坐火车或汽车到达另一个不同的镇。因此我们可以保守估计平均每天接待3个名叫曼努埃尔的新游客。对于这些游客住哪里，哪类人会选择哪类酒店等这些问题，会有多种看法。我的分析将名叫曼努埃尔的客人入住狄帕兰酒店的人均数缩小到0.17。

既然我们谈到平均数，我们不妨建议酒店的选择有多种的——有的酒店在某个时间段有优惠。假设一个名叫曼努埃尔的游客前一天晚上到达奥尔比亚。另一个可能刚刚到达。考虑到这些选项和到达时间，这两个曼努埃尔选择她们各自的弗朗西斯科建议的酒店的赔率为35：1，和摇一对骰子得2个6点的赔率相同。如果在狄帕兰酒店发现两个来自马德里的曼努埃尔，我们是否应该惊讶？我把这个问题留给你来回答。这个巧合的真正问题在于为什么这两对弗朗西斯科和曼努埃尔面谈了那么久才意识到认错人了。我没法回答这个问题，只能说通常不认识的两个人初次见面都有些尴尬，不会直奔主题讨论问题。

这个巧合很特别吗？这种认错人的事件比我们想象的更常见，因为背后的数字比我们想象的更大。我们的分析仅限于两个人名：弗朗西斯科和曼努埃尔。这个故事令我们惊讶，并不是因为这些名字，而是因为我是从弗朗西斯科本人那里听到这个故事的。

我们从另一个角度来设想这个故事：一位名叫X的人来到H酒店大堂与Y见面。另外一名名叫X的人也来到H酒店与另一名叫做Y的人见面。至此，这个故事就是我们在第八章中见到的著名生日问题的变体。不过这个故事更进一步，每个人都被认错一个小时，可能性更大了。想想如果X和Y代表4个不同名字中的任何一个，如X叫马尔科、安德里亚、弗朗西斯科或卢卡（意大利最常见的四个男性名字）。Y叫玛利亚、劳拉、玛尔塔或保拉（西班牙最常见的四个女性名字）。这样他们见面的可能性大大增加。现在有了16种可能性：马尔科可能与玛

利亚、劳拉、玛尔塔或保拉见面。同样安德里亚、弗朗西斯科和卢卡也有同样的机会见到她们。

　　这样就剩16个在H酒店认错人的可能性。[119]为什么不分别采用意大利和西班牙最常用的前100个名字呢？如果将n设为名字对数，可以推断可能性增加为n^2。这将意味着如果名字对数为100，可能性将增加到10000。但是随着最常见名字的常见性降低，名字的数量也随之减少。如果我们将名字对数减少，如$n \leqslant 25$，可以肯定地说可能性将大致增加至n^2，即625。但是再想想。在意大利三星及以上的酒店约有51733家。如果我们囊括全世界所有的酒店大堂，数字将很大，可以肯定每一个小时就会有两个人在某个酒店大堂认错对方。

　　"请等一下，"你说，就像我太太说的那样。"弗朗西斯科告诉了你这个故事。弗朗西斯科和曼努埃尔认错人和其他地方有人认错人这两个事件之间的可能性不同。这个巧合不仅仅是指故事发生了，而且是他把故事告诉了你。"是的，的确是这样。但是根据上面的分析，这种故事在全世界一天会发生很多次。我一生就听过一次这样的故事，难道这不令人吃惊吗？如果它经常发生，我为什么应该惊讶呢？

　　本书中的每一个巧合都可以用数字来分析。难点在于找到重要的隐藏变量。这些数字可能初次看上去不大，正如弗朗西斯科和曼努埃尔误认的故事一样，但通过仔细分析各事件之间的相互关系，看上去小的数字将会越来越大 —— 从而使似乎不可能发生的事情变成必然发生的事件。

故事6：在两个不同的城市坐上同一个司机的出租车

　　一位女士在芝加哥挥手拦出租车。三年后在迈阿密挥手拦出租车时发现这个司机和芝加哥的出租车司机是同一个人。要解释这个情况，我们首先应该计算出她叫出租车的频率。这位女士是一家私人企业的总经理，经常来往于不同的大城市，坐出租车频繁。非白化病患者司机没那么容易辨认出来。因此常坐出租车的人叫出租车时可能不会注意是否熟悉司机，除非司机碰巧是白化病患者。有可能这位女士在两个不同的城市两次遇到了不同的司机，只是她没有在意这个问题。

我们可以来计算三年前后她在芝加哥和迈阿密叫到同一个出租车司机 A（不管司机是否为白化病患者）的概率。在芝加哥招手遇到司机 A 的概率为 1，因为出租车不能无人驾驶。我们首先预计三年内芝加哥司机迁移到迈阿密的概率。目前芝加哥有出租车司机 15327 名，迈阿密大约 5000 名。我们无法统计出有多少人从芝加哥转到迈阿密，因此我们只能参考大批迁移的数据。有数据显示，2014 年芝加哥人口为 2722389，迁到其他州的人口为 95000，每年的比例为 29∶1。如果这个比例适应于芝加哥 15327 名出租车司机，那么可以推测出三年中有 529 名司机迁移到其他州。芝加哥是美国第三大城市，迈阿密排名第 44 位。我们很难估测这些司机迁移到的城市。但是在美国"友好"出租车公司排名名单上迈阿密位居第 40 位。因此我们可以假设很少有芝加哥出租车司机迁移到迈阿密，估计人数在 20 和 40 之间。那么这位女士遇到同一个出租车司机的概率将大于 $20/15327 = 0.013$，小于 $40/15327 = 0.026$。胜算在 1∶76 和 1∶37 之间。不是太差！

现在回到白化病司机。由于我们没有考虑三年前后这位女士是否会注意这两个不同地方司机的样子，所以可能性是相同的。故事巧就巧在她注意到了。

故事 7：福尔吉布先生的葡萄干布丁故事

葡萄干布丁故事是 19 世纪著名诗人埃米尔·德尚讲述的。这个故事不能用概率数字来衡量。这是我听到过的最具巧合性的故事之一，部分原因在于关联事件之间的巨大时长。时长一方面增加了可能性，另一方面丰富了故事。这个故事的主要内容是：年轻的时候，德尚吃葡萄干布丁时首次遇到福尔吉布先生。当时葡萄干布丁这道菜在法国几乎没听说过。

10年后，德尚几乎忘记了葡萄干布丁。一天他经过一间餐馆，在门口菜单上看到了这道菜。他走进去点了一份，但柜台一个女服务员告诉他布丁被一位穿着上校制服的先生全部买下了。服务员指向福尔吉布先生。之后又过去多年，德尚从未想起葡萄干布丁。有一天他受邀参加一个朋友的聚会。餐桌上摆了葡萄干布丁，德尚向聚会的主人和朋友们讲述了福尔吉布先生和葡萄干布丁的这个巧合的故事，德尚故事刚讲完门铃响了，福尔吉布先生出现在门口。他也受邀参加朋友的聚会，但弄错了地址，按错了门铃。他的朋友家就在隔壁。

这个故事非常接近偶然邂逅类故事，但我们在谈论4个时间和空间上聚合在一起的变量，这几个变量混杂在一起，几乎不可能将它们分解开来理解。事件跨越的年限也让问题几乎无解。我说的是几乎，不过我们可以尝试用数字来分解它。第一次吃葡萄干布丁时遇见福尔吉布先生的概率为1。故事中特定的人和葡萄干布丁没有实际的关联。这个故事可以是不同的人和不同的菜。计算出10年后再次相遇的概率难度更大。德尚可能经过餐馆时没有注意到菜单上的葡萄干布丁。但这又不太可能，因为对他来说，葡萄干布丁很特别，不像菜单上的巧克力慕斯。因此他非常有可能会注意到，还可能会走进去点一份布丁。巧合的是福尔吉布先生也在那。

我们从这个角度来分析一下这个故事：19世纪中期的巴黎还是一个小城市，不是说人口少，而是说人们是否愿意去。有些人会较其他人更频繁出入巴黎的某些地方。如果福尔吉布先生经过这个餐馆，他也同样会注意到这个菜名，也很可能会进去点一份葡萄干布丁。这种行为与注意到白化病出租车司机很类似。当事物不同寻常，能激起你过去的回忆，你更会注意到它。还要牢记的是福尔吉布先生完全可能每天都在那个餐馆吃饭，就像德尚可能是第一次在那里吃饭一样。因此从这第一次巧合来看，这是两个有着共同兴趣的人在一个小地方的偶然相遇。接下来的巧合才非同寻常，难以分析，即福尔吉布先生按错了门铃，而德尚正在这家吃饭，桌上恰好摆着葡萄干布丁。

并且这次巧合发生在餐馆相遇之后的许多年。我们必须考虑到这些年福尔吉布先生没有按错门铃，走到德尚也在的那家参加聚会，不管桌上是否有葡萄干布丁。

故事8：风中的书稿

尼古拉斯·卡米耶·弗拉马里翁是19世纪法国天文学家和通俗科普作家。《风中的书稿》故事由他讲述。他正在撰写关于大气的科普读物，这本书长达800页。某天正写到风力一章时，一阵大风将窗户吹开，将书桌上整章的书稿吹向倾盆大雨中。几天之后出现了第二个巧合，他的出版商的一个搬运工将丢失的整章书稿悉数送回来了。这个搬运工工作的地方离弗拉马里翁的公寓2千米远。

巧合的是，大风将书稿全部吹走，从弗拉马里翁的公寓天文台大道32号一路吹到他的著作出版社阿歇特出版社圣日耳曼大道79号。这似乎有点匪夷所思。但我们还得提到导致故事发生的一些情况。本故事隐藏的部分是刮风的那天早上，那个搬运工来弗拉马里翁的寓所给他送版面校样。[120]这个人住在弗拉马里翁寓所附近，送完版面校样后就去吃早餐。在回阿歇特出版社办公室的路上，他看到地上被雨水浸湿的纸张——发现是弗拉马里翁的书稿——他以为这是他刚才不小心掉的。他回到办公室后一直没和人提起这事，大概是想等书稿吹干。因此如此一来，故事的起因是发现书稿的人和丢书稿的人之间关系密切。

弗拉马里翁撰写风力章节时天刮狂风也不足为奇。撰写一章书不可能几分钟内完成。这一章他可能已经写了几天或几周了。夏天窗户敞开，风一来显然会将书稿吹走。因此故事的主要事件是吹走的书稿和搬运工之间的巧合。搬运工住在附近，熟悉弗拉马里翁的笔迹，从事着文字性的工作（因此可能对书稿上的内容感兴趣），且偶尔会去弗拉马里翁的寓所找他。这些情况暗示这些书稿有可能会被找到并送还。但是更有可能的是别人发现了这些书稿，这个人可能不认识弗拉

马里翁的笔迹，或者是环卫工人，他将这些书稿和其他垃圾一起丢到垃圾桶。

故事9：亚伯拉罕·林肯的梦

林肯讲述了他做的一个梦。梦中他听到一群人在哀悼哭泣，他走出房间想知道哭泣声从何而来。他看不见这些哀悼者，但哭泣声却萦绕在耳边。他走到东房，看到灵柩台上放着一具尸体，周围有士兵站岗。哀悼者们在四周哭泣。别人告诉他总统遇刺被暗杀了。

他之前做过很多先兆性的梦。战争开始时，每个重大国家事件发生前他都做过同样的梦。这是巧合？还是仅仅是潜意识和睡梦状态下显现出来的对不确定事情的可理解性焦虑呢？

林肯梦到自己被暗杀，这可能仅仅是他意识到他职位的不确定性。在此之前没有总统遭遇过暗杀，但这并不意味着他没想到暗杀，尤其在战争时期。和绝大多数梦境相同，预感已成为梦境机制的一部分，我们做梦时仍在"思考"，或者说我们"认为"我们是在做梦。

故事10：琼·金瑟尔的四次彩票中奖

琼·金瑟尔彩票四次中奖。第一次中奖540万，第二次200万，第三次300万，第4次1千万。她的中奖故事从1993年开始流传了18年。我承认她遇到这种事情的可能性微乎其微，但也不是不可能的。从技术上来讲，她的经历不是巧合。巧合没有显性的原因。金瑟尔的故事原因很确定：她通过大量买彩票来选择中奖号码。我们可以认为她4次中奖有些运气成分。当然，多次中奖很罕见，但这其中有隐藏因素。

首先，她第一次中奖使她有钱继续不断买彩票，每次用赌博的损失支付应付给政府的税。这样做很聪明，但80%的头彩中奖者都是这

样做的 —— 不停地买彩票，希望下次能中奖。博彩理论心理学家将这种不停购买彩票的行为称为强化有利的历史记录。[121]如果你是头彩中奖者，你不会只是买一两张彩票，你会买数百张，甚至数千张。但他们是怎么选择中奖号码的呢？

据报道，选对4次彩票头奖号码的赔率为$18 \times 10^{24} : 1$，这种可能性很小，10^{15}年才有一次机会。[122]（计算详情请见第七章）但由于我们不知道金瑟尔失败了多少次，从而无法计算出实际的概率。她有一部分信息是缺失的。的确，她是斯坦福大学的数学博士，因此或许她在大量购买彩票时运用了演算法确定中奖的号码。同样我们无从得知她失败了多少次。

我们来看看得克萨斯州的乐透六合彩票。这种彩票每张1美元，从1到54选出6个数字。得克萨斯州乐透六合彩票官方公布的中奖概率如表10.1。假设金瑟尔花1美元买了一张彩票，选中了头奖的6个数字。对于头奖为200万美元的六合彩，中头奖每花1美元的期望值是0.08美元。她还可能获得头奖之外的3个其他奖中的一个，而其他奖项的期望值之和是0.09，因此中任何奖的期望值为0.17美元。即彩民每赌一次，就输掉83美分。

表10.1　乐透六合彩的中奖概率

匹配	中奖金额	平均赔率	概率	期望值
6个数字*	头奖*	25827165:1	0.000000038	$0.08
5个数字	$2000	89678:1	0.00001115	$0.02
4个数字	$50	1526:1	0.000654878	$0.03
3个数字	$3	75:1	0.013157894	$0.04

*根据所售彩票的数量和头奖缺失的周数决定。

还有税金和奖金共享的可能性，期望值降至约12美分。彩民数量随头奖增加而增加，所以中奖者共享头奖的可能性增加。

的确，4次中头奖有运气成分。中一次的概率非常低。金瑟尔中奖

4次的概率就更低，其概率为小数点后面至少32个0。但这只是因为我们在以4次中奖的琼·金瑟尔为例来说明这一概率。诚然，只要她一次买一张彩票，她和其他任何人中奖次数的可能性（即使一次）相同。但是如果每年售卖10亿张得克萨斯乐透彩票，彩民中头奖的可能性就很高。毕竟的确有人中奖了，尽管在此之前可能已经出售了多张彩票。2014年，美国估计有31818182人花费700多亿美元购买乐透彩票。如果一年售卖700亿张彩票，中奖号码随机挑选（如第六章所述，其实也不是完全随机），那么一年内肯定有人中奖，一个月内中奖的概率仍旧很高。

一个人中奖一次可以理解，但同一个人中奖4次怎么理解呢？像金瑟尔这样中奖的概率在拥有320000000人口的美国还是很高的。她4次中奖似乎不可思议，这只是因为我们把它锁定在琼·金瑟尔一个人身上。

我们来计算一下一个人（不一定必须是琼·金瑟尔）5年内中奖两次的概率。你或许会发现结果令人吃惊。北美洲共有26种不同的彩票抽奖，每年开奖104次，5年内共计13520次开奖，其中平均1/6是头奖，因此中奖次数为2253。我们假设80%的中奖者至少5年每次开奖时会继续像以往一样购买彩票。同时中头奖的平均人数为1.7。

现在我们草率地假设这些中奖事件相互独立。说"草率"是因为我们假定每次开奖时中奖者仍会像以往那样采用同样的方法继续大量购买彩票，以影响下一次中奖。为了便于分析，我们还假设每个中奖者和其他彩民使用同样的方法。换句话说，我们平均化了中头奖者的买彩票方法，否则我们无法分析。

假设 x 为彩民5年内不断买彩票中奖两次的概率，p 为单次开奖中头奖的概率（表10.1）。我们首先计算出5年内首次中奖的彩民不会第二次中奖的概率（$1-x$）。假设 $y=1-x$。每次开奖中头奖的彩民数量平均为1.7，因此每次开奖新增中头奖的人数增加1.7倍。这意味着在2253次奖中，第一次有1.7位中奖者。第二次有1.7×2位中奖者……最后一次中奖者人数为1.7×2253。换一种方式说，在2253个奖项中，首次中奖者在第一次、第二次、第三次……一直到最后一次开奖中不会再次中奖的概率分别为$(1-p)^{1.7}$，$(1-p)^{1.7×2}$，$(1-p)^{1.7×3}$，…，$(1-p)^{1.7×2253}$。由于我们假设每次中奖事件之间相互独立，所以首次中奖者不会再次中奖的概率$y=(1-p)^{1.7}\cdot(1-p)^{1.7×2}\cdot(1-p)^{1.7×3}\cdot\ …\ \cdot(1-p)^{1.7×2253}$。

因此，$y=(1-p)^{1.7(1+2+3+…+2253)}=(1-p)^{4316523}\approx0.49$。所以$x=0.51$，5年内两次中头奖的概率高于50％。

我们可以根据同样的方法计算出一年内世界各地的中奖概率。世界上共有166种彩票。美国以外的很多彩票是一周开奖一次，因此，包括美国的每周两次开奖，全世界两年内每周开奖的次数为9984。一年中头奖的人数为2496（根据美国开奖次数和中头奖的平均比例5∶1，世界其他国家或地区的比例为3∶1）。根据同样的方法可计算得出$y=(1-p)^{1.7(1+2+3+…+2496)}=(1-p)^{5297635}\approx0.40$，所以$x=0.60$。

两年内彩民两次中奖的概率为0.97，非常接近1，所以彩民两年内两次中头奖的可能性几乎是肯定的。

琼·金瑟尔4次中奖跨越了18年。按照这个年限，和其他概率一样，世界任何地方的彩民4次中头奖的概率接近1。

第四部分　令人头疼的难题

　　有些巧合完全无法分析。不管从哪个角度看，它们似乎都是机缘运气。这些巧合不符合第三部分列出的10类中的任何一类。第四部分包括五篇文章：第一篇研究犯罪现场留下的DNA证据和陪审团DNA误判之间的巧合；第二篇讲述威廉·康拉德·伦琴在半真空条件下在玻璃容器中进行电流实验时意外发现X射线的故事；第三篇讲述证券交易员杰罗姆·凯维埃尔的意外冒险经历，他抛空1000万欧元股票，意外经历了两次巧合：一次赢了数百万欧元，另一次输掉更多；第四篇讲述超感知觉的超自然力量，分析它们归属的巧合分类；第五篇比较文学作品和民间传说中的设计性巧合和真实生活中不可预测的巧合。

第十一章

证据

宁可放过一千，也不可错杀一个。[123]

—— 迈蒙尼德

人们都喜欢巧合故事，认为它很少见。但是当这其中的一些人成为陪审员，遇到可能需判处死刑的案件时，他们却认为不可能出现法庭取证出错的巧合。不过陪审员在定罪之前仍会要求提供强有力的法庭证据。这是好事。但奇怪的是，另一方面，当面对强有力的法庭证据证明嫌疑人无罪时，他们却经常宣告嫌疑人有罪。公众都错误地以为，如果没被损坏，DNA是证明嫌疑人有罪或无罪的确凿证据。但是，巧合性犯罪证据导致误判的情况比我们想象的可能性更大。

DNA证据非常有力，对于仅粗略了解DNA证据是怎么起作用的人来说更是如此。由于在重大案件的复杂调查过程中DNA既可以用作定罪的证据，也可以用作无罪的证据，对DNA的复杂性知之甚少的人摇身变成法庭审判专家，他们狡猾地操控着对他们有利的判断。什么是DNA证据？它能证明什么？不能证明什么？这个问题太复杂，难以给出一个完整的回答。然而，我们必须提出这个问题，以便重点讨论巧合在什么样的情况下会被认作为有罪或无罪的证据。证据出错 —— 旁证、巧合证据、物证 —— 都可能妨碍判刑。

DNA检测之前，通常要进行血型、血清测试和常规指纹检查。与DNA指纹鉴定相比，这些常规司法测量方法非常不精准。约40％的美国人是O型血，在许多刑事案件中，指纹匹配并不是决定性因素。巴瑞·舍克曾是O.J.辛普森辩护律师团的一员，他指出，DNA鉴定是

"判定无罪的黄金标准，同时也是揭示真相的神奇黑盒子"。目前DNA指纹分析是证明误判犯人无罪的重要手段。然而，辩护律师或控方律师会从有利于他们的角度利用DNA测试，或向陪审团展示DNA测试无懈可击的科学准确性，或抨击DNA证据收集和保存过程的瑕疵。在O.J.辛普森案件中，控方提供了大量的DNA证据，但辩护方说服了陪审团，指出这些证据被损坏。

DNA指纹分析并不绝对可靠。其中可能有无心之错，也可能有人故意篡改。机器缺陷、环境影响和人为处理出错——这些都可能导致错误的检验结果。2006年5月11日，一名独立调查员复查了原来由休斯敦警察局取证和器材室分析的数百起刑事案件。在7个司法科学科目中，包括血清学、DNA和痕量证据，1980年的案件中发现重大违规操作问题。在复查的135起DNA分析中，其中有43起（32%）被确定为存在严重的虐待囚犯问题和蓄意欺诈嫌疑。[124]

将DNA基因指纹与犯罪现场找到的样本进行匹配并不是判定有罪或无罪的可靠证据。以著名的亚拉·甘比拉西奥案件为例，2010年11月，13岁的亚拉在位于意大利北部布伦巴泰迪索普拉村的家中失踪。三个月后，她的尸体在离家10千米远的另一个村庄被发现。调查持续了两年毫无进展，后来发现一名男子的DNA与亚拉内衣上存留的DNA非常相似，但并不是完全匹配。案发时该男子在南美洲，但这一匹配引发对另一个村庄的搜查，最后发现两枚被一名男子舔过的邮票。该男子死于1999年。"这只是一个巧合，"探长曾决定放弃她唯一的重要线索时告诉记者说，"案件和该男性之间没有任何关联。""你不能杜撰捏造。整个案件不可思议。"[125]破案过程复杂曲折，但最终破案了。好在碰巧在南美洲的人有不在现场的证明。好在另一名男子已在案发前去世。

陪审团成员应该了解，或者至少法官应该告诉他们，DNA分析是一个非常复杂棘手的过程，很容易导致误判。有些信息本来只是旁证，却可能被用作确凿的罪证，有时这也在所难免。案情分析的精确度可能会掩盖实际真相。同样，往往有些信息是真正的罪证，却可能被用作洗脱罪名的证据。

　　一方面，DNA分析需要获取犯罪现场未受污染的生物试样——血液、精子、皮肤细胞、发根、唾液或汗液等。犯罪现场周围的环境——植物、昆虫、细菌或其他人——的DNA通常都会污染样品。再就是我们对DNA指纹独特性的理解。这里有一些问题需要弄清楚。DNA指纹有多独特？两个人（非同卵双胞胎）有可能碰巧拥有相同的DNA基因图吗？DNA分析是否万无一失？是否存在假阳性或假阴性错误？从理论上来说，两个完全不同的人（非双胞胎）的DNA仍有可能相同（尽管可能性极小）。当法庭仅根据DNA证据就判定一个无辜的人死罪，你执行死刑时想过这种可能性吗？

　　假阳性错误取决于个体情况，其总体可能性估计在100∶1至1000∶1之间。[126]处理样本时也会出错。假阳性可能性计算错误将导致无辜者受牵连，尤其在用DNA排查法来确认罪犯的情况下。实验室很少（尽管偶尔会）误读检验结果。因为随机匹配可能匹配成功，他们可能也会得出错误的检验报告。遗憾的是，很少有部门给陪审团提供假阳性错误频率的统计数据。为了公正准确评估DNA证据，巧合性匹配（不相干的两人DNA基因图谱相同）的可能性和假阳性匹配的可能性都应该考虑。[127]

　　有时可能涉及垃圾科学。许多人认为毛发样本证据即DNA证据。其实并不是这样。只有发根样本才能确定DNA证据。在大多数法医鉴定中，毛发样本证据基于主观的显微镜观察和对比，是一个真正的虚假证据。因为至今没有可靠的科学方法来确定没有发根的毛发样本归属。[128]然而，几十年来，法庭一直依靠所谓的毛发样本专家为原告提供证词。

　　看看唐纳德·盖茨、柯克·奥多姆和桑塔·特里布尔三名黑人男子的案件，根据显微镜下的毛发对比证据他们三人被判有罪，直到

后来DNA分析结果与毛发样本证据相矛盾。1990年，陪审团听信了原告律师夸大毛发样本匹配的统计可能性，判定特里布尔谋杀罪成立，判处他有期徒刑20年。仅因为在滑雪面具中发现了一根头发，特里布尔在监狱待了23年，之后被确认无罪释放。[129]匹配？和什么匹配？科学技术至今仍没有在抽样总体中确定毛发特征在统计学上有意义的频率分布。[130]那么这个科学证据来自哪里呢？在缺乏核基因，也没有科学方法在更大的样本总体中确定毛发所有者的情况下，专家又怎能证明这一匹配呢？然而，我们经常听到专家告诉陪审团，用作证据的头发与某个特定的人有关："根据我的经验及在实验室所做的16000次头发对比，我认为那些头发来自死者。"[131]任何人都可以有自己的观点，但在法庭上，专家的观点往往被视为证据。这不是随口一说，如果可能给无辜的人带来牢狱之灾，这就是不负责任的行为。没有人可以通过微观毛发分析就得出毛发样本来源的统计概率。然而，在过去20年中，28名FBI实验室专家中有26名在证词中强调了毛发样本匹配的可靠性。在特里布尔先生的案件中，专家称所有微观特征都匹配。在结案陈词中，控告方再三强调了一个误导性的虚假统计数据：这根毛发属于其他人而非特里布尔先生本人的概率只有"千万分之一"。[132]

不幸的是，生活中的犯罪并不像我们在电视或电影中看到的那样，法医分析似乎从不出错。更不幸的是，现实生活中的陪审团通常相信法官所说的，相信他们所听到的。他们相信控方律师所说——正如全盘相信法官所言——"DNA检验的优点在于它100%正确"。[133]法医检验没有百分之百确定，但是人们一直误以为DNA分析能给出"是"或"不是"的确定答案。事实上DNA分析取决于该检验的有效性，以及与嫌疑人相关的遗传基因组。但法院认为法医证据是绝对可靠的科学证明，根本没有充分考虑到它的局限性。[134]在休斯敦警察局负责的一个案件中，取证室法医分析师作了误导性的证词："除同卵双胞胎之外，任何两个人都不可能拥有相同的DNA。"[135]任何对DNA基因图谱在取证室中的运作有所了解的人都应该知道这样的陈述是绝对错误的。平心而论，在正当诉讼程序中，应事先告知陪审团，往往会有小部分样本与DNA基因图谱相匹配。这一小概率并不排除巧合。在涉及DNA证据的绝大多数案件中，陪审团通常会获得巧合性匹配的统计数据。他们还会获悉和被告DNA基因图谱随机匹配的无关人员的概率。但是，这些数字对于陪审员来说毫无意义，因为他们认为五十万分之一这种可能性就是绝对肯定。

人类基因组

让我们简单回顾一下人类基因组的一些知识。人体每个细胞的细胞核含有23对染色体（22对常染色体，加上1对性染色体），染色体是细胞核中的DNA分子，载有遗传信息。人体有23对染色体，每对染色体中其中一条来自母亲，另一条来自父亲。只要我们意识到关于遗传信息的详细内容远比接下来几页纸上的信息复杂，我们就可以大致了解如何通过DNA鉴定人的身份。

DNA是见于活细胞中的脱氧核糖核酸（deoxyribonucleic acid）的首字母缩略词。DNA的结构像一个双螺旋式楼梯（图11.1）。

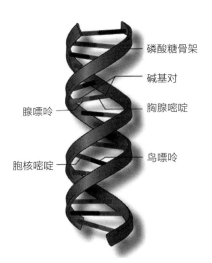

磷酸糖骨架

碱基对

腺嘌呤

胸腺嘧啶

胞核嘧啶

鸟嘌呤

图11.1　DNA双螺旋结构图

（感谢美国国家人类基因组研究所提供的数据）

　　该结构各层由核苷酸或碱基类氮碱基化学物组成，包括腺嘌呤（adenine）、鸟嘌呤（guanine）、胸腺嘧啶（thymine）和胞核嘧啶（cytosine），通常用字母A、G、T和C表示。两侧的螺旋带为磷酸糖分子。每层为两侧的螺旋带与核苷酸连接。A、G、T、C排列组合决定了一个人的基因型或遗传同一性。

　　为了描述DNA序列，我们首先来看短串联重复序列（STRs），即4种核苷酸A、T、G和C的组合重复序列。A、T、G和C共有4×4×4×4＝256种可能组合。试想A、T、G和C4个字母序列的任意排列，任一字母都可以重复。例如可以是AAAA或AGTC，或任何其他254种组合。可能有人的染色体短串联重复序列是AGTT、AGTT、AGTT。有的人可能是AGTT、AGTT、AGTT、AGTT。也有的人可能是6组重复组合序列，或12组。请注意，前面第一个是三组重复组合序列，第二个是四组。这就产生了更多不同的个人遗传基因变体。我们知道，在个体遗传的染色体短串联重复序列中，每对染色体中的一条来自母亲，另一条来自父亲。那么世界上两个人（不包括同卵双胞胎）拥有相同DNA的可能性接近零，但并不等于零。为了了解单细胞中双螺旋DNA分子的大小和长度，我们不妨作如下设想：DNA分子的细胞核直径小于五万分之一厘米，一旦将它完全打开，首尾相连长度为2米。可以想象DNA分子结合得有多紧密。

　　为了了解该模型的复杂性，请设想一下：在23对染色体中，每对染色体约有30亿个由4个核苷酸组成的序列，每对染色体分别来自母亲和父亲[136]。毫无疑问，这是一个庞大的数字。问题是我们不知道这30亿个序列中哪一个的位置会发生变化。

　　为了区分两个DNA百分之百匹配的人，我们必须比较大约30亿对核苷酸，这个过程不切实际，且代价高昂。我们不会这样做。相反，我们比较一小部分，找到其中的异同。如果在这一小部分中出现配对，我们计算出这种匹配巧合的可能性。我们需解决的问题是：这"一小部分"到底得要多小，才能让我们心安理得地认为这种配对并不是巧合？

　　法医学家仅基于13种不同的STRs就确定了随机匹配概率。他们通过人类基因组中13种不同的STRs就能鉴定出一个人的身份，希望从人体23对染色体上随机抽取的13种STRs中不会出现配对。为什么是13种？这是基于可操作性和费用决定的。他们的理由是总体样本中个体的13个位点上的STRs会有很大的变化。例如，对于3号染色体，有人可能从其母亲处遗传了5个重复序列，而有人可能从母亲处遗传了3个重复序列，从父亲处遗传了6个重复序列。在更大的样本总体中，有些重复序列很少见，而有些重复序列非常常见。只需一处不同，就能排除某人的DNA和在犯罪现场收集的DNA相同。在单个染色体中，STRs可能并不那么罕见。样本总体中低频率可能会达到0.1。但是，如果将该频率乘以选定的13对染色体上STRs频率，你会发现匹配的概率约为10^{-15}。不过，犯罪嫌疑人的数量比全世界人口要小得多。因此实际上法医学家非常自信地认为，两个人根本不可能会有完全相同的DNA。在所有13种STRs中，两个人拥有相同DNA的可能性虽然不是零，但当样本为一组犯罪嫌疑人时，可能性就无限趋近于零了，因此我们可以假设概率为零。

　　换句话说，如果犯罪现场的DNA基因图谱和嫌犯相匹配，那么这个证据就表明了嫌犯的罪行。相反，如果DNA基因图谱不匹配，那么就证明嫌疑人无罪。这就是DNA指纹图谱和法医证据。无论证据指向哪边，调查必须考虑到偶然事件、巧合、人为行为和一些隐藏变量，它们常常使简单的事情变得复杂，特别对于单次调查。

中央公园的慢跑者

　　对无辜者的每一次误判都会有损司法公正，而中央公园慢跑者帕特丽莎·梅里强奸案却对司法公正造成严重残害。该案件中一大群拉丁裔黑人青年碰巧在那个时间经过了事发地点。即使DNA不匹配，其中5名青少年却因为出现在犯罪现场而被判刑。在真正的强奸犯认罪之前，他们已经服刑6～13年了。检察官可以用DNA证据来定罪，但当DNA证据可以洗刷嫌疑人罪名或免除嫌疑人罪责时，同一个检

察官可能会争辩：DNA证据本身并不像大家认为的那样总是万无一失。[137]

检察官如此描述案件经过。1989年4月19日，一大帮闹事者涌入中央公园，碰到一名年轻的慢跑者，他们想要找她的麻烦。他们被称为一群流氓，据说一晚上都在外面闹事。他们将帕特丽莎·梅里打晕，将她拖到一个山涧旁，对她进行了性侵，然后弃她而去。该案件引起了媒体的广泛关注，因为被告全是黑人，而受害者是一名28岁的白人，是所罗门兄弟公司财务部门的投资助理，年轻有为，前途无量。帕特丽莎（她现在叫自己为特丽莎）由于遭受了创伤性的脑损伤，丢失了所有受袭击的记忆。事件引起轰动，令人愤怒，媒体大肆报道，吸引了很多观众，整个事件加剧了种族间的紧张关系。"纽约市所有人都在谈论中央公园的慢跑者，"特丽莎在她的回忆录中写道，"全国数百万的人都在谈论。即使在14年后，他们仍在回味她当年的骇人遭遇。"

是的，她只是去跑步，却因为意外生活完全被打乱。她跑步的路线偶尔会变。有时会跑到84街以北有些昏暗的地方。朋友们警告过她晚上不要一个人跑步，所以天还没有完全黑的时候她会往北跑。案发当天她跑去了84街的中央公园，又往北转向了第102街的十字路口，然后遭到残忍袭击并被强奸。自己失去所有记忆，没有目击者的证词，没有证据表明是谁做的，只能确定案发时有谁在犯罪现场附近出现。

案件经过太过残忍，没有必要再深究细节。有一段时间特丽莎一直在与死神搏斗；后来情况稳定了，但暴力袭击似乎会给她留下永久性脑损伤。她的脑肿胀非常严重，东哈勒姆大都会医院重症监护医师曾预计会出现这一症状，他们认为这将使患者"丧失思维、行为和情感能力"。[138]没有人能从强奸伤害中完全恢复，尤其是暴力强奸。但特丽莎的身体的确恢复了正常。她的生活轨迹也发生了改变，不再涉足银行投资领域。

　　暴力袭击和强奸案归罪在5名西班牙裔黑人青少年。侦探和检察官强迫他们在定罪证据的文件上签字，以便作为可采性证据呈给法庭。他们只是一群孩子，对公民权利一无所知。他们只是案发时出现在特丽莎附近。为此，也仅仅因为这一点，他们在1990年被判有罪。

　　2002年，曼哈顿地区检察官罗伯特·M.摩根索怀疑此案有滥用职权之嫌而重审。DNA证据表明，马蒂亚斯·雷耶斯强奸并殴打帕特丽莎，被判有期徒刑33年，罪犯承认自己是单独作案。但由于案件诉讼期已过，他无法被起诉。这5名青少年当时恰巧在公园案发现场附近，他们并不知道有人正在被强奸。这些青少年被无罪释放。几年后，他们承认在公园里袭击、抢劫和殴打了别人。当天晚上有几帮团伙在闲逛，他们时而分时而合。他们承认他们击倒了一个男人，把他拖进灌木丛里，往他身上倒啤酒。他们还承认曾在公园里对人进行过8次袭击。

　　对于特丽莎来说，那个偶然的夜晚打乱了她的生活。从此她的生活发生了翻天覆地的变化。她辞去了所罗门兄弟公司的工作，完全变了一个人。她在回忆录中写道："我只是夜间去跑步，生活就完全被打乱。没有人像我这样毫无征兆地濒临死亡。我已经学会接受现实，无论是好的还是坏的。"在2004年，她写道：[139]

　　我不知道为什么会这样。这些年发生了无数次的殴打和强奸案（在我被袭的那一周内，全市共发生了28起强奸案），我的案件一直被大家议论纷纷，而其他的案子，除了受害者、受害者的直系亲属和朋友还记得，大家都早已忘记。也许是因为这次袭击揭露了人类的邪恶本质——当时大家都认为袭击我的是一群14岁到16岁的青少年，他们外出只是为了"寻乐"——人们猛然意识到人类这种高级动物也会犯下如此暴行。

　　公众需要认真了解DNA的工作原理和巧合发生的过程，陪审团应该告知公众，即使是警方调查非常仔细的案件。一个喷嚏可以通过火车、飞机，甚至是风中的一片落叶，将一个无辜者的DNA传播数英里

（1英里＝1.6千米）。甚至是鱼也可以通过粘在鸟蹼上的卵迁到新建的池塘。公众需要了解如下问题：DNA的高度匹配及其方法，多短的DNA序列能包含无生理功能的巧合性重复？如何从巧合随机的毛发匹配、鞋印、指纹、声音和目击者的错误指认中得出结论？

完全了解构成DNA的4个核苷酸的排列并不非常重要，但是清楚知道DNA易受污染，知道有些核苷酸对的重复序列在一些样本中常见，而在其他样本中罕见，这些知识对嫌犯的法庭审判却非常重要。

证据的真实性（有罪或无罪）可能受隐藏的巧合影响，公众不应该仅仅基于DNA分析或目击者的指证来判断嫌犯是否有罪。我希望公众能更了解取证的复杂性，这样媒体和陪审员们才会明白，无论多么科学的解释，犯罪证据并不总是像在法庭上所描述的那样万无一失。

5名被指控的青少年在被捕后对犯罪事实供认不讳。

你在疑惑，为什么一个无辜的人会承认他或她没有犯下的罪行？我们对电视和电影吹嘘的美国刑事司法的诉讼精确性有严重的误解。首先，我们必须明白，美国监狱现有因犯220万人，而这其中有超过200万人之所以在关押，是因为他们为了避免可能被陪审团判决的最高刑罚，而接受了认罪协议。对于更严重的罪行，如强奸和谋杀，就是坐牢或处死的博弈。因此，被告在承认他或她没有犯下的罪行前，已经进行了风险估算和成本效益判断。这是一种本能的自我防御选择，是在不完善的刑事司法体系压力下作出的理性决定。之所以说刑事司法体系不完善，是因为认罪协议几乎总是认定被告有罪，结果往往偏向起诉方。我们可能会认为很少有无辜的被告会承认罪行，但是根据《昭雪计划》报告，10%的被告承认了他们没有犯下的罪行，在大约30%的DNA无罪释放的案件中，被告都在供词上签字。其中许多被告受到胁迫，他们不了解法律，不知道正在签署的是什么文件，很多时候他们认为这样做可以避免更严厉的刑罚。中央公园强奸案的5名嫌疑人都还是孩子，他们受人摆布，被欺骗说一旦承认罪行就可以回家。

通过认罪协议承认罪行，可以使资源有限、有其他麻烦缠身的穷人获得低于指控的刑罚。美国纽约州南区地区法官杰德·拉克夫说："每名辩护律师都有过类似经历，委托人开始见面时会说他是无辜的，但当后来看到检方提供的证据，就会改口说他有罪……但有时情况相反。委托人事实上无罪却谎称有罪，因为他决定'代人受罪'……但是我们很少考虑到以下这种可能性：被告可能无罪，但却被胁迫承认较轻的罪行。因为法庭受审和受审失败的结果太严重而不敢承担这个风险。"[140]

无罪者的平反昭雪

美国的监狱关押的人口数排名世界第一，占世界监狱人口数的四分之一。[141]绝大多数监禁都是因为非暴力罪行。在撰写本文时，美国的联邦和州立监狱约有230万人，其中有84万多人（近37％）是非裔美国人。自1970年以来增长了546％，仅过去6年就增长超过50％！[142]这意味着每100名美国成年人中就有1人入狱，每28名儿童中就有1名孩子的家长在监狱服刑，美国监狱每年的花费高达2600亿美元[143]。真是浪费人的潜力的疯狂行为！有人认为，大规模监禁使犯罪率大幅下降（自1991年达到高峰以来，暴力犯罪率已下降了51％，财产犯罪率下降了57％）。这听起来合乎逻辑，但其实不尽然。犯罪率急剧下降的原因并不显而易见。是巧合或侥幸，或许有数百种隐藏变量可以解释犯罪率急剧下降的原因。最近，布伦南司法中心根据最新的综合数据，通过实证调查，发布了一份严谨而全面的研究报告，研究结论是："鉴于目前的高监禁率，继续监禁更多的人对降低犯罪率几乎没有任何影响。"[144]这份长达140页的研究报告令人印象深刻，它采用一种数学方法，通过对比，区分每个变量带来的影响。报告确定了相关性，但却对因果关系避而不谈。

我们当然知道这是有原因的，但我们无法准确地知道是什么原因。因此我们不能肯定地说监禁率上升会导致犯罪率下降。监禁使很多家庭破裂；无辜的孩子受到心理伤害；而如果不进行强化再教育，服刑

者回到社会后将难以找到工作并对社会作出贡献。我们可以确定的是，美国在记录在案的人均监禁率方面领先世界，排在俄罗斯和卢旺达之后。美国监禁人数比世界任何其他民主制国家都高，占全世界监狱总人口数的四分之一。2014年，死囚犯有3070人，在1409名得以平反无罪释放的人中有515人是死囚犯。比例高达16.8%！[145]自1976年以来，美国判处死刑的案件共有1386起，其中冤假错案144起，罪犯被平反无罪释放。[146]这意味着自1976年以来，约1/10的人不应被判以死刑。

美国最高法院指出执行死刑有正当的道德理由。他们声称，只要程序保障措施能降低冤假错案风险，发达社会可以允许死刑。[147]这句话的关键词是：降低。但这也不能完全消除将无辜者处以死刑的可能性。因此，如果我们认同本章开篇迈蒙尼德的格言，显然死刑应该废除。法官约翰·保罗·史蒂文斯2008年也得出这个结论，他指出，法院给出死刑存在的理由在文明社会是无法容忍的。[148]不管如何论证，它都不是逻辑性强的科学推理。总会出现假阳性和假阴性结果；总是会有无辜的人被判处死刑，而有罪的人无罪释放。行为和本质的可变性太多太复杂，难以约束人是否基于事实做的决策。没有法律制度可以消除冤假错案的可能性。2014年8月，美国有3070名囚犯被判死刑。[149]根据最近一项研究，预计有123人可能是被冤枉的。[150]

我赞同迈蒙尼德的格言。我也同意约翰·保罗·史蒂文斯的观点，我们不大可能消除冤假错案。我可以肯定地说，在可预见的将来，我们仍不可能消除这一可能性。为什么？因为我们面对的变量太多，而这些变量取决于周围的环境，这些环境因素又和更复杂的人性混合在一起。

调查2009年的《昭雪计划》发现，在239起DNA误判后免责的案件中，179起为根据目击者的误认定罪。[151]到2013年，因DNA误判而免责的人数上升到250人。[152]在114例案件中，真正的罪犯（根据所谓的DNA证据确认）仍逍遥法外行凶作恶，而误判的人正在监狱中服刑。[153]在撰写本文时，美国过去50年中已经有1587人被免罪。[154]几乎每一天我们都会看到又一起类似案件。我们了解到警察有时将证人扣押在问询室，或者酒店房间，强迫他们作指证。他们将证人扣押直到他们同意作证为止。我们了解到，当控方证人陈述前后矛盾时，不建议控方律师做记录，以避免成为无罪辩护的证据。[155]我们听说了警察的失误和检察机关的不当行为。我们了解到，有些能证明被告无罪的确凿证据却从未移交给辩护律师。我们知道警方手写的嫌疑人供词，是没有律师在场的情况下审问嫌疑人而获得的。我们了解到有些定罪根本没有和犯罪有关的物证。我们想知道宪法是否有道德权利允许有死刑。迈蒙尼德斯在中世纪就看到了这个问题。他的道德格言是："宁可放过一千名罪犯，也不可错杀一名无辜者。"即使今天看来，这句话仍旧充满智慧。[156]

第十二章

发现

机遇只垂青有准备之人。

——路易·巴斯德 [157]

伟大的发明和发现可能源自一句惊叫"啊哈！"但有时，这一惊叫可能是由于哪里出错，或是有不明缘由的事情发生 —— 如实验室别的实验成分的干扰，或是新产品及时上市，又或者只是实验出错。

化学家苦心研究分子键长达数世纪之后才逐渐了解分子键结合的原因和原理。20世纪之前，他们对共价电子一无所知，因为他们不知道什么是电子。然而，由于清楚了解原子和分子如何相互作用和转换，进而生成新的化合物，他们能完成神奇的化学实验。他们能分析分子反应，分析在热和光的条件下的转化过程，他们甚至能在不了解电子在分子键生成过程中的关键作用的情况下，配制出含有聚合物和金属合金的络合物。他们明白，不同气体在比例均衡的情况下将发生反应。但他们从不知道电子与这些化学反应和分子键有重要关系。

他们是科学领域不同寻常之人，碰巧发现很多巧合现象，并且明智地认为它们是解答一些重大问题的关键线索。他们认为，意外现象和目标明确的研究假设对科学发现同样有用。他们还告诉我们，科学观察中的偶然事件能极大影响我们观察世界的思维方式，从而使世界变得更好。这样的事例有很多。如威廉·珀金斯的意外染色使我们对免疫学和化疗有了了解；亚历山大·弗莱明、霍华德·弗洛里和恩斯特·钱恩在工作中发现青霉素，因为他们不爱收拾实验室，导致葡萄球菌培养菌被周围的真菌感染破坏；还有抗疟疾药物、天花接种疫苗、胰岛素、糖精、阿司匹林等巧合故事。另外还有阿兰·图灵、拉尔夫·特斯特和其他本奇利公园工作站的第二次世界大战密码专家，他们破解了决定战争胜负的德国恩尼格码密码，这些都是天才，但多亏了德国的密码编码有几处出错，英国破译员才得以找出德国密码机的工作原理。他们的发现不仅帮助盟国赢得战争，而且推动了世界上第一台可部分编程计算机的发明。

1869年，德米特里·门捷列夫梦见他根据原子量列出了化学元素周期表。[158]第二天早晨醒来他制作出了元素周期表。当时国家气象部门开始收集有关温度、降水量以及其他任何可信的气候数据。在那个年代，化学和原子无关。约一百年前，当安托万·拉瓦锡发现氧气在燃烧中的作用，并确定质量永远不变，化学已经确定了它的科学根基。然而，1869年，当门捷列夫首次发表元素周期表时，化学实验还在黑暗中摸索，原子的内部结构仍不为人知。同年瑞士医师弗里德里希·米歇尔从手术绷带上残留的脓液中分离出了DNA。当时米歇尔也是瞎打误撞，他并不知道DNA是载有基因信息的遗传分子，但是它确实为了解DNA这一遗传载体铺平了道路。当时生活比较简单，虽然铁路将整个欧洲和俄罗斯各个城市都连在一起，但是国家之间的旅行还不是非常容易。圣彼得堡——著名的"永昼节"举办地，时尚娱乐之都，富人贵族云集之地，是门捷列夫生活和工作的地方，但该地也人满为患，市民营养不良，水污染严重，卫生条件差，各种疾病恶化得不到救治。[159]

就在当时许多物理学家正在试验克鲁克斯阴极射线管，这是一种半真空吹制玻璃管，管内两端电极相连。实验目的在于了解管内发光的原理。我们现在知道高电压穿过空气稀薄的克鲁克斯放电管的结果。少量正搜寻电子的带电气体分子（正离子）被激活，与其他气体分子碰撞，击中一些电子，产生了更多的正离子。接着正离子被吸引到带负电的终端。当正离子撞到金属端表面时，击中了大量电子。当被正离子端吸引，负离子将穿过管道，形成一束发光的电子射线，即阴极射线。在30多年的实验中，科学家们尝试使用不同的气体，但却无法

解释这一现象。他们对带负电荷的粒子——气体原子内的电子——一无所知。他们也不知道光从何来。实验偶然出现的一些新情况他们也无法解释。有的玻璃管发出红色光，有的是绿色光。他们根本不知道这现象背后的原因。例如，他们不知道在半真空环境中，许多质量小的电子被正极吸引，以内置的动量和速度直接通向正极。电子越接近正极，吸引力就越大。我们现在知道朝正极移动的电子速度接近光速。有些电子会跃过正极终端，撞击玻璃管原子，瞬间提高了管中电子的能量水平，然后再恢复到原有的能级。在回落时将会发射出光的基本粒子（光子），因此玻璃管会发出绿黄色的光。

X射线荧光是一种电磁辐射光，过程更复杂。威廉·康拉德·伦琴在半真空的玻璃管中进行电流实验时意外发现了X射线。他当时碰巧在实验室放置了一块涂有氰亚铂酸钡（荧光材料）的荧光屏，用于做另外一个实验。如果没有那个屏幕，谁知道会有多少人会因X光及其用途的延迟发现而更早失去生命。伦琴当时并没有注意远处那块荧光屏，只是眼角无意一瞥，因为他不认为它和实验有任何关系。实验出现了预期之外的无关结果。这是一次巧合，但却影响深远。

环顾维尔茨堡大学里伦琴的实验室，让时光回到1895年11月8日。[160] 大窗外面是一条狭窄的街道，街道两边是挪威枫树，枫树的大部分叶子早已凋落。仅靠窗边排着一排高度不等的红木长桌。桌上摆着各种仪器、金属制品、电机、各种形状的烧瓶和线圈。墙上悬挂着一个摆钟，摆钟旁边架子上挂着长短不一的电线。桌上胡乱堆放着许多玻璃管。天花板上吊着一个透明的白炽灯泡，连接灯泡的电线低垂，电灯开关靠近墙上的挂钟。除此之外，房间内的其余地方几乎是空的。除了光线明亮之外，它与19世纪的其他化学实验室毫无差别。窗户没有窗帘。

在实验室的人是伦琴，50岁，头发乌黑浓密，胡子长又黑，且开始发灰。自1895年年初以来，他一直通过半真空玻璃管内静电打火进行电流实验。11月8日，他正进行阴极射线实验，发现玻璃管内出现一束光。阴极射线在半真空环境之外是看不见的，他很自然地想到一个问题：部分看不见的阴极射线从玻璃管中漏出来了吗？[161] 为了阻止阴极射线的转移，或现场发现逃离到实验室房间的射线，他用纸板盖住了玻璃管，关掉房间的灯。荧光屏散发的光穿透了整个房间，通过控制玻璃管中的真空浓度和电流，可以调整荧光屏上光的亮度。光线很微弱，多次实验之后，结果仍然相同。即使将荧光屏移得更远，结果仍是一样。把实验室完全变黑，结果也是一样。将玻璃管再加一层隔离，结果仍然完全相同。荧光屏上闪烁的光只可能是玻璃管内电流产生的阴极射线。这意味着该光线透过防护罩，穿过空气，照亮了荧光屏。这是一种以前未被发现过的新型的未知射线。

由于笛卡儿引入 x 符号之后，该符号就用来代指数学中的未知数，伦琴决定把这种新型射线称为 "X 射线"。詹姆斯·克拉克·麦克斯韦和迈克尔·法拉第曾预测存在看不见的电磁波，它们能穿过一定距离的自由空间。在伦琴发现 X 射线的 3 年前，海因里希·赫兹实验证明阴极射线可以穿透薄金属箔。同时，赫尔曼·冯·赫姆赫兹正在求 X 射线的数学方程式，理论上假设真正的 X 射线确实存在并以光速运动。

设想当伦琴把手放在玻璃管和荧光屏之间试图阻挡光线，却看到荧光屏上自己手的骨骼时会是多么吃惊！一张骨骼图！他正在窥探自己的身体结构。从伦琴去世很久后的传记中我们了解到，他不是有意将手放在玻璃管和荧光屏之间。[162] 这只是一个偶然。很可能他是第一个这样做的人。他试图用其他材料——木材、金属、纸、橡胶、书籍、布料、铂金和各种家庭用品来阻挡光线。有些物体允许射线自由穿过，有的阻止穿过。木制电线管的图像上只显示了电线，而线管的影子很模糊。在接下来的实验中，伦琴堆叠了厚度为 0.0299 mm 的铝箔来测试 X 射线的穿透性。他无法区分 1 张铝箔和 31 张铝箔之间的差别，X 射线离氰亚铂酸钡荧光屏的距离相差不大也不会产生太大的差异。射线可以没有阻碍地通过生物组织，却没办法通过骨头或铅等金属，这是多么幸运的一件事。他们可以穿过木头，但不能穿过硬币。伦琴很快想到一个好主意——用照片底片代替荧光屏。他将 X 射线投

射到装有一枚硬币的封闭木盒，这样就只拍到了硬币的图像，盒子好像不存在一样。伦琴还拍摄了他妻子柏莎的手。影像里可以清晰地看到她的指骨和手指上的戒指。经维也纳某报纸一刊登，这张照片很快家喻户晓。[163]这可能是有史以来第一张活人的手部结构图像。对于某些人来说，这是一个新奇的现象，而对于其他人来说，这是一个笑话。各种日报、周报、月报都争先刊登有关该照片的故事。《生活》杂志刊登了一张漫画，讽刺这种新型摄影极具想象力。[164]

《生活》杂志在接下来的一期中还刊登了一首讽刺诗。[165]

> 她身材高挑纤细，
> 骨骼中脆弱的磷酸钙和碳酸钙——
> 在阴极射线的照射下，
> 通过电流、电波和电阻，
> 完美展现。
> 她的脊椎骨无处隐藏
> 透过表皮，展露无遗。

芭芭拉·戈德史密斯在她的著作《执着的天才》中写道：

> 随着X射线席卷全国，它很快成为漫画的主题——丈夫用X射线透过门监视妻子，剧院专用的X射线望远镜能透过戏服看见演员的身体……伦敦一家公司还出售X射线防护套装。[166]

伟大的科学发现都离不开前辈的研究，有的成果丰富，有的成果少。这些发现几乎都不是直接发生的。大多数人不停地反复尝试，其中有些人侥幸成功。他们或许开始是意外，但他们几乎总是——或总是——在某些假设或已知的理论的指导下，遵循明确的线索。这就是为什么我们没有理由怀疑如果没有荧光屏，伦琴就不会发现X射线。其他物理学家正在研究阴极射线的影响，可以肯定地说，19世纪末该领域的研究成果非常令人兴奋。英国物理学家威廉·克鲁克斯（半真

空吹制玻璃管"克鲁克斯阴极射线管"以他的名字命名）本可以制造
出来自阴极的辐射光，从而发现阴极射线，掀起阴极射线研究的狂潮。
他采用凹面阴极聚焦阴极射线，可以获得足够的能量产生X射线，尽
管这需要耗费大量热能。他觉得很奇怪，为什么存放在附近的一些未
曝光的摄影底片变得模糊。没有多想，他把这些底片还给了厂家，说
这些底片有缺陷。[167]1888年，菲利普·莱纳德用阴极射线管进行高
频紫外线试验。如果他使用的射线管管内的真空浓度足够低，使用的
电压再高一点，他就能生成足够的X射线，从而发现石英射线管外的
荧光。遗憾的是当时真空压力不够低，电压不够高，因此他从未发现
任何他制造出的X射线。

　　1838年，迈克尔·法拉第考虑到荧光的存在，当时他开始采用
半真空玻璃管进行电势实验。从那以后，许多年轻的德国物理学家尝
试了各种类型和形状的半真空玻璃管。他们在高电压下尝试了氖、氩，
甚至汞蒸气。德国物理学家海因里希·盖斯勒1857年开始将金属电
极加入半真空吹制玻璃瓶中，玻璃瓶发出了光。然而，在那些年，尽
管所有这些聪明的科学家有着和伦琴一样的设备条件相对优越的大学
实验室，却都没有发现X射线。他们只要偶然往远处看一眼，就能发
现玻璃管不远处有一束微弱的光，那就是X射线。他们没有发现这种
可以在玻璃管外产生微弱的光的短波长的电磁辐射。

　　我们永远无法知道我们曾差点延迟发现X射线，我们只能猜测
（因为数据并不精准，无法提供证据），在伦琴发现X射线后的120年
里，"X射线挽救的生命比子弹夺走的生命还要多"。[168]如果没有
发现X射线，那么完全有可能至少在十年内都不会发现原子的内在性
质，并且这一知识的空白将会导致连锁反应，使得很多伟大的发现都
将会延迟。我们今天已经知道这些发现使我们的世界发生了翻天覆
地的变化。关于伦琴发现X射线的故事传颂已久。伦琴很少接受采访，
少数采访中最受推崇的报道之一来自《麦克卢尔》杂志科学记者
H.J.W.达姆。[169]这篇报道文字优美，详细描述了伦琴、他的实验室
和他的实验：

"教授，"我说，"您能谈谈发现X射线的过程吗？"

"没什么特别的过程，"他说，"我一直对赫兹与雷纳德研究的真空管阴极射线问题很感兴趣，也非常关注他们和其他相关的研究成果。我决定如有时间就自己研究。去年10月底我找到了空闲。我一直伏案工作了数天才有了新发现。"

"那是哪一天？"

"11月8日。"

"您发现了什么？"

"我在克鲁克斯阴极管上盖上了一层黑色硬纸板，然后进行实验。当时工作台上有一张涂有氰化铂酸钡的纸。我将电流通过玻璃管时，发现纸上出现一条特殊的黑线。"

"那是什么？"

"这是光通过才能留下的痕迹。但是没有光从玻璃管漏出来，因为覆盖的厚纸板可以屏蔽所有已知的光，甚至电弧。"

"那您认为是什么呢？"

"我不是认为，我是调查。我假设产生这种效果是因为玻璃管，它的特征表明它不可能来自其他地方。我进行了检测。几分钟之后就真相大白了。射线来自玻璃管，在纸上发出微弱的光。我在更远的距离处进行实验，甚至是两米之外，都得到同样的结果。它似乎是一种新的不可见光。这的确是一个未曾记录的新发现。"

"是光吗？"

"不是。"

"是电吗？"

"不是任何我们已知的形式。"

"那是什么？"

"我不知道。"

X射线的发现者平静地表示自己对它的本质一无所知，就像现在其他人提到X射线一样淡定。

其他报道清楚地提到正是碰巧放在不远处工作台上的氰亚铂酸钡

涂层纸带来了这次意外发现。根据其他间接报道，氰亚铂酸钡屏幕放在工作台上，是因为伦琴认为它比其他荧光涂层更有效。[170]在1896年的维尔茨堡物理医学学会演讲中，伦琴谈到了他如何首先发现氰化铂酸钡涂层纸上的荧光；如何发现只有当电荷穿过被遮盖的克鲁克斯阴极管时荧光才出现；他还谈到即使将荧光涂层纸放置在距离更远的地方也会发生相同的现象。[171]然后他说："我意外发现射线穿透了黑色硬纸板。于是我用木头、纸、书等遮盖物进行了实验，但我仍不相信这是真的。最后，我使用了照片，实验结果还是一样。"[172]1895年12月22日，全球各地的报纸都刊登了图12.1所示的照片。

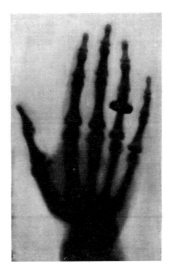

图 12.1　伦琴拍摄的一位女士的手的X光照片［注：图片来自《麦克卢尔》杂志1896年4月出版的第6卷第5期。照片由柏林电影《乌兰尼亚》导演斯派斯先生所摄。］

之后不久，这项技术被应用于医学，使医生能够看清人体内肿瘤、蛀牙、骨骼结构等，这些都无法通过常规手段观察得到。我们不太清楚伦琴是否知道他的技术对内科疾病的医学诊断所带来的重大价值。

他本想要继续回到先前荧光屏的实验，但是他全身心地投入到了X射线的实验中，没有再继续关注荧光屏的实验了。

19世纪末期，科学家们仍然对原子的内部结构一无所知。科学家发明电力已经好几百年了。他们知道如何发电。到1880年，伦敦、巴黎、美国和莫斯科的街道上闪烁着各种各样的白炽灯泡。科学家甚至知道了引力和能量无处不在。而从法拉第和麦克斯韦开始，他们发现了电磁波理论。但直到1897年发现电子，打破了原子是所有物质最小的结构这一古老概念。但电流是如何从电线的一点传输到另一点仍然是一个谜。一个世纪前化学已经发展比较完善，面对这一难解之谜化学所取得的成功是非常令人惊讶的。虽然阴极射线和X射线在理论上已经非常完善，但当时没有人真正"证明"它们的存在。前一句中的动词"证明"不一定意味着用诸如显微镜这样的仪器来发现它们。很多科学现象是无法用仪器观察到的。当时没人知道荧光电流是如何从克鲁克斯管的一端传到另一端的。

J.J.汤姆逊1897年的阴极射线实验表明，射线本身不是从一端传送到另一端的原子；它们是原子的物质成分。原子不再被认为是没有其他成分的实心球体。科学家预测原子中存在质子和电子，虽然无法看到它们，但可以从它们对设备造成的影响来检测。在1934年的一次采访中，汤姆逊曾夸张地说："还有什么比这么小的物体第一眼看上去更不切实际的呢？它太小，质量只是一个氢原子质量微不足道的一小部分。但氢原子本身也小，即使将与全世界人口数量相等的氢原子集中在一起，当时的科学手段也无法发现它们。"[173]在接下来的几十年中，科学家们从最初的对原子、电子和质子的一无所知，到逐步探索物质世界的秘密，了解原子的内部机制。到1939年，人类发现核裂变，但直到今天，我们仍不清楚原子核的基本组成部分，只知道它由所谓的上夸克和下夸克粒子构成，每个粒子由许多更小的不断运动的物质组成，这些物质受强力紧密结合在一起。

科学史上有许多经典的意外科学发现：一名身患疟疾的南美洲印度人饮用了金鸡纳树（可从中提取奎宁）旁边的水，从而发现了抗疟疾药物奎宁；从在被摘除的狗的胰脏上飞舞的苍蝇上发现了胰岛素；笛卡儿躺在床上观察飞虫时发明了坐标几何。还有许多化学发明的故事比基础科学发现技术性更强。这些发明都值得嘉奖，但我们这里不作讨论，因为路易·巴斯德曾说过："机遇偏爱有准备的头脑。"[174]并且，其中有些故事夸张离奇，与科学家最初记录的发现过程相距甚远，这是讲故事的惯用伎俩。任何伟大发现都离不开基础工作的累积。随着对科学发现过程的深入了解，你总会发现这些科学家都是站在很多巨人的肩膀上往前看。牛顿的这句名言 ——"如果我看得更远，那是因为我站在巨人的肩膀上"—— 也不是他原创的。牛顿确实在1676年给罗伯特·胡克的信中写了这句话。[175]但其真正的原创是12世纪的法国沙特尔市新柏拉图派哲学家伯纳德，他将他们这一代比喻成"蹲在巨人肩膀上的矮子"。伯纳德指出，我们看得比前辈更多更远，不是因为我们有更广阔的视野或更高的高度，而是因为"我们被前辈举起，站在了他们高大的身躯之上"。[176]当然有些人可能站在巨人的肩膀上也没有看得更远，有些人可能并不需要巨人，他们站在了许多普通人的肩上，但目标明确。我更喜欢史蒂文·温伯格对巨人的看法。在他一本关于近代物理与科学的随笔《湖边景观》中，他写道："我们发现，最重要的科学先驱并不是我们将其作品奉为绝对指南来研究的预言家 —— 而是为我们取得更大的成就而奠定基础的伟大的人。"[177]

霉菌可能有充分的理由出现在亚历山大·弗莱明实验室的皮式培养皿上，但它首先出现在实验室让我怀疑有某种关联目的。它没有像一些民间传说里描述的那样长在潮湿的面包上，而是出现在培养皿中！关联性目的引导科学发现。像猴子胡乱敲键盘试图写下一句莎士比亚的台词那样，毫无目标地做事情往往会错失目标。

第十三章

风险

如果一个人能像惯偷一样在你不知不觉的情况下取走你手腕上的
手表，那你们玩棋盘游戏时他也可以毫不费力地欺骗你。

—— 乔治（杰尔兹）苏林米尔斯基（双陆棋比赛冠军）

好运往往伴随着失去某些东西的风险。股票交易是一场赌博，就
像玩扑克牌一样，你计算赢的可能性，衡量如果失败会有怎样的风险，
如果输了这笔钱，结果会怎样，你衡量你有多大概率打败你想要击败
的人。这就是金融市场的运作方式。你权衡你愿意承担的风险和你可
能会失去的回报。你根据估价和判断来买卖股票，查看过去和现在的
盈利、股票的增长潜力和竞争对手，检查资产负债表。最后，无论你
多精明，你的投资仍有风险。最重要的是，这是痴心妄想。

你可能会认为，金融管理有一定的欺骗性，采用定量分析来控制
牛市和熊市的对冲基金专家应该知道如何从中获利。他们很会玩这种
金融游戏，但归根结底这仍是痴心妄想。他们通过小股民的买进卖出
而带动股票的波动来获利。也许这种做法可以。但当金融机构大量买
卖时，这种交易会使市场波动很大，可能导致整个世界的经济崩溃。

如今的市场几乎是全球性市场：太平洋的天气变化可能会影响芝
加哥的粮食市场；美国中西部地区的干旱可能会影响加拿大农场设备
的销售；密西西比州的洪水可能会耗尽巴西的乔木林。天气的变化决
定了风险概率。一个人不计后果的冒险行为，可能会震动整个世界的
经济。

以法国跨国银行和金融公司 —— 法国兴业银行为例。法国兴业银行到今天已有150年历史。如果当时美国政府没有帮助为法国兴业银行投保的巨头保险公司美国国际集团摆脱困境，法国兴业银行的历史可能会停在第144年。

2008年1月，一名31岁的法国期货交易员犯下历史上最大的交易欺诈罪。 2005年7月，热罗姆·凯维埃尔抛空了一家欧洲保险公司一千万欧元的股指期货，希望股票价格会因此下跌，此举导致法国兴业银行净亏损49亿欧元。这场赌博中凯维埃尔的运气出奇地好。虽然市场没有任何股票下跌的征兆，但是由于凯维埃尔的好运，整个伦敦的富时指数都下跌了。 凯维埃尔事先并不知道，两天后，伊斯兰宗教极端主义分子在上班高峰期携带自杀式炸弹登上伦敦的三辆地铁和一辆公共汽车，这场恐怖袭击造成52人死亡，700人受伤。凯维埃尔一次赚了50万欧元。这次胜利使他"欲罢不能。"[178]凯维埃尔告诉警察："这使我还想继续。这是雪球效应。"[179]所以他变本加厉地秘密购买了数亿欧元的股指期货。令人惊讶的是，他屡次得手，获取了巨大的利润。

凯维埃尔有一个问题。为了不引起注意，他不得不通过虚拟交易来掩盖他的交易，以抵消他的收益。他很聪明地想到，房地产的次贷危机可能会严重影响全球市场，于是他抛空了数百万美元的期货。不久他发现自己卖空了几十亿美元。这是一场充满风险的赌博，凯维埃尔希望次贷危机会使股票市场进一步下跌。市场如期下跌了。截至2007年年底，凯维埃尔的买卖获得了15亿欧元的巨额利润。

他犯了一个非常非常大的错误。2008年年初他开始投注期货，他投注了近500亿欧元。他认为市场已经跌到最低点，像所有的市场周期一样，市场肯定会反弹，但那时情况开始变得糟糕，股市下跌，凯维埃尔的期货大幅暴露，无法用对冲来掩盖。500亿欧元足以使法国兴业银行破产。

银行遭受巨额亏损，只能被迫低价卖掉期货。但怎么能在不引起任何人的注意下卖出500亿欧元期货？这样巨大的交易额必将引起恐慌。这是不可能做到的（在英国，"9·11"之后，普通的银行客户向国外账户转账一次不能超过5000英镑）。虽然银行的亏损远远低于500亿欧元，但它没有公布真正的数额。银行低价抛售了64亿欧元，"创造了银行史上单个公司单日最大交易损失"。[180]

一连串的事件导致了法国兴业银行的损失。显然，伦敦地铁爆炸事件在这一连串的事件中起了主要作用。但是，凯维埃尔事先并不知道，他抛空欧洲一家保险公司一千万欧元的股票会造成这么多人死亡。爆炸是巧合，与凯维埃尔的计划没有任何关系，尽管这使他瞬间暴富。持续的股市下跌导致了他的失败。如果当他开始投注期货时股市真的触底，结果可能会有所不同。他和银行也许可以侥幸逃脱擅自用银行账户进行诈骗交易的惩罚，没有人会知道他冒过的巨大风险。风险经理不管凯维埃尔的可疑交易吗？还是他们没看到这数十亿欧元的交易，凯维埃尔只是侥幸成功？"这让人难以相信，"伦敦大学金融数学教授伊略特·杰曼告诉《纽约时报》，"任何级别的风险管理系统和审计都没有给出任何指示。"[181]这是一个有关贪婪的故事。哪里有金钱哪里就有贪婪的欲望。

10亿欧元是多少钱？正如1975年约瑟夫·米拉希为《纽约客》杂志上两位将军正讨论军事预算的漫画所配的文字："你这里花10亿，那里花10亿，加起来就是一笔大数目。"1995年，加拿大巴林银行衍生性金融商品交易员尼克·尼森期货超额交易失败，亏损了8.5亿英镑（13亿美元），使英国最古老的投资银行——巴林银行破产。如果不是日本神户地震，他的无人监督的非法投机行为可能会非常顺利。尼森的高风险赌博最终因为极大程度的巧合而失败。尼森在新加坡和东京证券交易所投资短期期货，认为日本股市很安全。但是，第二天早上（1月17日）发生的神户地震使亚洲市场失去了控制。为了弥补亏损，尼森进行了一系列高风险投资，他预测日经平均指数会回到基准水平。但事实上日经指数没有恢复到预计的水平。就像许多赌徒为了弥补损失一样，他继续陷入更大的麻烦中。[182]

在20世纪，华尔街经济危机还未能影响全球。但在本世纪，经济全球化使市场发生改变，几乎所有的银行都互相交织在强大的交易网络中，某一个行为将影响到所有银行。在三天的时间里，在法国兴业银行疯狂地清算了凯维埃尔的期货之时，其他交易者也通过卖空来赚钱，预测市场还会继续下跌。当全球市场下滑时，仍然有些人能获得利润。钱不会消失。银行的担保金甚至会因为政府拨款而增加。[183]

市场失调的意外

股票市场对海啸、地震、恐怖袭击、战争和埃博拉病毒等地球灾难的反应并不是巧合。它们的显性原因与市场环境的不稳定有关 —— 零件和材料供应中断，购买力下降，市场动荡等。但是大多数自然灾害都没办法科学预测，它们快如闪电袭击，使市场措手不及。地震不是巧合。它们有明确的原因。但地震发生的时间往往具有巧合性。正如目前最好的一本地震学教材中所述 ——[184]

我们没有能力预测100年内的地震，也无法预测估算地震灾害的基本方法 …… 我们似乎只能谦卑地面对大自然的复杂性，承认我们现在所知道的和不知道的领域，采用统计技术评估我们所说内容的可信度，同时开发新的技术，获得新的数据，努力做得更好。

同样，数学家弗罗林·迪亚库在他的著作《巨大灾难》也如是说：[185]

像许多其他科学一样，地震学采用数学模型研究地震如何发生和发展。地震中引发的破裂涉及多种物理作用，导致各种冲击波在地壳中传播。由于这些过程大部分只能被猜测，地震模型比现实世界更简单。

海啸在几个小时之内是可以预测的，但只有在远处的海洋的确发生了海啸之后才可以。情报机构有时会提前知道即将发生的恐怖袭击

事件，但并不总是如此。袭击者和他们的指挥官知道袭击的地点和时间，但成功袭击事发的时间和地点往往出乎我们的预料。

我们只关注了少数不可预见、却可能发生的大灾难，但其实还有（将来也还会有）我们无法想象的其他灾难。它像赌博一样使我们保持警惕，正如亿万年前人类居住在洞穴，等待时机勇敢地出来猎食，不知道会面临什么天灾。那也如同市场时机，本质上也是一次赌博，前途未卜，有着强烈的求生欲望和紧张。

巧合事件通常出乎意料，是因为它们非常罕见，但是风险评估中应该对它们进行说明，毕竟它们很久没有发生过了。根据如下两个数学模型通常可以预测出后果。一个数学模型告诉我们结果往往分布在数学预测均值周围，另一个概率原则模型告诉我们样本越大越可能发生意外之事。表面上，我们只关注并计算少数可能性来分析大多数事件的发生。这会忽视意想不到的灾难性事件，因为它们发生的概率看上去很低。实际上，它们的发生概率远比我们想象的要大得多。这就解释了为什么从长期来看观察到的成功率更可能接近统计概率。然而，从长期来看，不可预见的巧合自然现象会导致成功率短暂波动。令人惊讶的是，这一短暂性波动足以改变长远来看的成功风险，从而影响对成功率的精确预测。

大部分赌博游戏都有合理准确的可计算胜算率。它们的概率模型以游戏结构为基础，而不是根据与自然现象的外在联系。最好的赌博策略是忽略无法预见的巧合带来的可量化风险。另外，金融市场并不是完全结构化的赌博游戏。

交易者往往主动忽视一些小概率事件可能导致全球性灾难的可能性。他们在赌博，相信交易市场是根据某种完全有效的规则运行。而实际上，交易市场规律和抛硬币的大数定律结果预测一样难以预测。交易者应该研究新闻，调查内部网关协议，分析期货，评估负债和失误，评估领导者与其他公司的关系，评估历史记录。很少有交易者研究灾难可能对全球造成的影响。

当今的商业市场相互联系非常紧密，一笔风险交易的失败常常导致商业链上其他交易的失败。我们不能像玩抛硬币、掷骰子或俄罗斯轮盘游戏那样，孤立地看待这些例子。

很小的股市波动都会给消费者带来不安。当市场受外界影响出现罕见的急转弯时，比如全球信誉最佳的一家银行濒临破产，这可能会导致市场脱轨。任何一家公司每天的市值波动都会影响到其他公司的市值波动。每天的政治、社会或经济瞬息万变，我们怎么能预测接下来会发生什么呢？近海的油井钻机遭受飓风袭击，汽车工人争取权益而罢工，陪审团同意对制药公司的集体诉讼，要求制药公司支付损害赔偿金，柑橘园受冻，公司总经理被指控欺诈，埃博拉病毒引起飞机乘客恐慌，等等。谁能说这些事件的发生是否是时间的巧合？受外界环境变动影响，如大银行的濒临破产，道琼斯工业平均指数急转直下，这可能会扰乱市场，打破市场的平衡。任何一家大公司的股票市值出现波动，都会产生连锁反应。由意外巧合引发的任何无法预见的意外事件及其结果都会扰乱市场。

我们应该如何考虑由意外巧合所造成的意外结果呢？有时我们会发现一些征兆，如1975年在中国辽宁海城，中国专家看到了前兆，确认了前震，明白了周边乡村动物的行为，正确预测了下一次地震的时间。这是一个侥幸。海城的前兆是幸运的巧合。中国另外四次地震预测也出于巧合。1994年，我的一个学生声称，他在洛杉矶圣费尔南多河谷的北岭地震发生的48小时前预测到了该地震将发生。他家房屋中间有一个大鸟笼，他说饲养的雏鸡试图要告诉他一些事情。他和他的室友离开了所住的区域。他们的房子倒了。绝大多数的预测都是错误的，大地震总是意外发生。举两个例子：（1）曾有人错误地预测新马德里地震将于1990年12月3日爆发；（2）2012年5月在意大利北部的博洛尼亚发生的6.0级浅层地震完全出乎意料。随着近百年地理科学的发展，我们仍然无法准确可靠地预测单次地震。我们知道地震发生

的区域，但无法确定发生的时间。历史上有一些惊人的预言挽救了成千上万人的生命，但这些都是巧合。

查尔斯·里克特在《地震学协会会刊》（1977年）中写道："我最怕预言和预报器。记者和公众对地震预测趋之若鹜，像猪冲向食槽。（预言）为业余者、狂热者和骗子提供了获利的场所。"

我们无法预见所有带来伤害的偶然事件，但无论有没有前兆，我们都能评估最糟糕的结果。

第十四章

通灵力量

一个人脑中发出的电化学信号如何影响他人？

在《人们为什么相信怪异之事？》一书中，迈克尔·谢尔默讲述了他访问启迪研究协会之事。启迪研究协会位于弗吉尼亚州的弗吉尼亚海滩。该协会主要研究20世纪著名通灵之士埃德加·卡里斯，并自1931年以来一直教授通灵力量。谢尔默听了一次关于超感知觉（ESP）和超自然力量的讲座后，他自愿成为接收通灵信息的志愿者。教员向他们解释，有些人天生就有超自然力量，而其他人只需通过训练。[186]教员向谢尔默和其他34名学员发了一张记录表，要求他们把注意力集中在发信人的前额，并记录收到的信息。此次试验分两轮，每轮25条信息。每条信息可用如下符号代表：✚ ☐ ☆ ○ ≈。第一轮时，谢尔默老实地试图接收和记录该信息，但是到第二轮时，他将所有信息都标记为符号✚。第一轮他的得分是7分，第二轮3分。

根据启迪研究协会的规定，得分高于7分表示该名选手拥有超感知觉。首先，为了使这个实验看上去不那么荒谬可笑，对于的确没有收到任何信息的人来说，实验应该有第六个符号——空白。其次，加入空白符号后，我们可以通过实验来帮助了解与六个符号匹配的可能性：取两个骰子，骰子的每一面上标上一个符号。每发送一次消息，让一名学生抛掷两个骰子，并记录两个骰子最后落地时是否是同一个符号朝上。

两个骰子落在同一个符号上的概率是1/6，因为可能的36个结果中符号可能相同的只有6个。如果34名学生每人抛掷一对骰子25次，结果会怎样呢？在34名信息接收志愿者中，我们多久能看到7次符号相同的情况呢？我们可以看到一条钟形曲线，表明任一学生7次得到符号相同的结果的可能性很大。换句话说，如果你任意选择一个符号，在25次抛掷中你很可能有3~7次成功。事实证明，任何人都有超过5成机会多于5次成功。

似乎只有5个符号代表的信息不够严肃认真。毕竟，本章中任何一个句子都比只有5个任意符号表示的信息复杂得多。但是如果这样想就会不得要领。如果只使用这5个符号超感知觉也起作用，那么这也应该视为一种信息沟通。钢琴演奏10分贝的音符G和E听起来和贝多芬第五交响曲开始的4个音符不一样，但这就是听觉。别忘了，亚历山大·格雷厄姆·贝尔首次成功电话实验时，他对着话筒大声喊出了简单的9个字："沃森，来这里，我想见你。"那是1876年3月10日。电话另一端的托马斯·沃森几乎听不见贝尔发出的沙沙声。当时谁会相信声音可以通过电子方式传播？谁又会相信我们可以用无线电话将声音传递到世界上的任一角落？所以我们相信什么，不相信什么，对此必须慎重对待。也许仅有5个符号的传心术标志着对未知事物的认知。我们对大自然一直怀有偏见。伊丽莎白·吉尔特在他的著作《万物的签名》中也提到了这一点，她说："华莱士书中写道，第一个看见飞鱼的人或许以为他看到了奇迹 —— 而第一个描述飞鱼的人无疑是骗子。"[187]书中的华莱士指的是英国动植物学家阿尔弗雷德·罗素·华莱士，而所描述的暗指一名英国海军军官的真实故事，他声称在返回英国途中曾在巴巴多斯看到飞鱼。但在现实生活中，华莱士是马来西亚热带雨林中黑掌树蛙，也就是飞蛙的发现者。[188]

超感知觉包含心灵感应和透视力，指通过不寻常的身体感官来传递和接收心灵信息。直觉就是其中一种。但超感知觉还包括通过采用现有科学知识之外的渠道接收信息。对于一些真正的支持者来说，这些渠道将现在与过去、过去和死亡联系在一起。尽管近一个世纪以来证明人类拥有超感知觉功能的统计实验以失败告终，但超心理学家还没有放弃人类拥有超感知觉的想法。[189]

许多著名的心理学家通灵之士与媒体有着良好的联系。擅于星相的肯尼·金斯顿是一个广播脱口秀节目的主持人，他还是梅尔福·格里芬和《娱乐今宵》节目的定期嘉宾。金斯顿通过电视促销节目宣传他的通灵热线，声称他与约翰·韦恩、温莎公爵和公爵夫人，埃罗尔·弗林、奥森·威尔斯和玛丽莲·梦露都有通灵联系。他通过400美元一场的与死者通灵联系的活动赚得满盆满钵，其中包括埃罗尔·弗林和奥森·威尔斯，他们仍然经常出入弗林活着时常光顾的好莱坞餐厅——穆索法兰克烧烤餐厅。我没说他是骗子，他可能是，也可能不是。如果有办法与死者对话，能举办降神会预测未来不是更好吗？

曾几何时，人们吞下磁铁来吸引爱情。为什么不可以呢？既然磁铁具有奇迹般的远距离吸引力，不难理解人们为什么相信灵魂会被这种不可理解的磁力所吸引。我们不屑地认为这是过时的传说，觉得荒诞。但自19世纪初以来，我们已经知道电流会产生磁场，反之亦然。所以我们也应该一直认为，作为电化学活动的脑部活动会在人的头脑外部周围产生磁场。随着当今神经科学的飞速发展，越来越精细的大脑成像工具使我们想起十年前眯着眼睛费力看到的图像。我们现在有脑磁扫描仪的证据表明，人脑表达的情绪的确在人脑外部产生了磁场。虽然这些磁场相对较弱，但它们可能与脑波活动一起，利用无线电波将信号传递出去。我不怀疑它的可能性。一个人很可能会将爱的信号传递到他或她的大脑之外。就像手机信号一样，这些信号可能会到达很远的地方。问题在于我们对传输信号的解释。可以解释为他们是将信息传递给另一个人吗？要真正传递爱的情感，这些信号必须被解码为"爱你"；不仅仅是爱，而是向信息接受者传递"我爱你"。想想看，了解一个人的爱是多么困难。如果传达爱情只是大脑信号的心灵感应，那么每一部浪漫小说都将变得枯燥无趣。

心灵感应或传心术是通过能量转移这一异常过程来传递信息的。

现有的身体或生物机制无法解释这一过程。传递的信息可以是关于过去、现在、未来或与死者的通灵联系。它通过改变状态传递情感和运动知觉能力，或者通过进入人的潜意识智慧来获取信息。[190]

在巴西，超过90%的人相信来世，相信活着的人能和死去的人交流。圣保罗市附近的乌贝拉巴市发生过一个真实的故事：罪犯头目琼奥·罗萨和莱尼瑞·奥丽薇娅是一对恋人。罗萨允许自己和其他女人约会，但他不能接受奥丽薇娅和其他男人约会。出于嫉妒，他跟踪了奥丽薇娅和她的另一个男朋友。在随后的冲突中罗萨被杀害。奥丽薇娅和她的新男友被指控谋杀。奥丽薇娅沉浸在悲伤中，她仍然爱着罗萨。她咨询了一位通灵之士，他带给她一封阴间的来信。辩护律师在审判中告诉法庭：在信中，死者坦白是他的嫉妒导致了他的死亡。信中提到了只有和他关系亲密的人才能知道的细节。

巴西的法院接受由通灵之士撰写的来自死者的信件，将它作为证据的一部分。在巴西的这种信仰中，不存在金钱交易，这完全是真正的信仰。灵媒这样做也是为了坚定不移的信念。在一个如此坚信来世的社会里，陪审团乐于接受来自阴间的信。结果自然是奥丽薇娅和她的男朋友被无罪释放了。[191]

相信存在超感知觉的支持者给出了一些经典案例。厄普顿·辛克莱在其著作《精神广播》中记载了一个著名的实验：辛克莱相信他的第二任妻子玛丽·克雷格·金布罗有通灵力量。为了检验这种特异功能，他要求玛丽在他画290幅画时重画他的画。令人震惊的是，她成功重画了65张，部分重复155张，只有70张失败。[192]但就是这样！你必须计算失败和成功之比。

另一个著名的实验可以追溯到1937年。作家哈罗德·谢尔曼和探险家休伯特·威尔金斯两人首次通过日记绘画和写作来心灵传递对方的心理图像和想法。这种每日心灵感应持续了161天，当时谢尔曼在纽约，而威尔金斯在北极探险。[193]1938年2月21日，他们俩都写道，寒冷的天气耽误了他们的工作，他们看见某人的手指脱了皮，他们和朋友一起喝酒，抽雪茄，他们都牙痛。[194]事实上，这两篇日记的相似程度约为75％。[195]

20世纪初加入了一些受人尊敬的超感知觉支持者，他们有些相信存在能与死者沟通的通灵力量。我们提到过辛克莱，但想象一下下面这些名人的卓越贡献：美国著名心理学家威廉·詹姆斯、法国著名哲学家亨利·柏格森、英国著名小说家阿瑟·柯南道尔爵士、英国著名作家奥尔德斯·赫胥黎、法国著名作家儒勒·罗曼、英国著名小说家H.G.威尔斯、英国著名博物学家阿尔弗雷德·罗素·华莱士、英国著名学者吉尔伯特·莫里、英国著名作家亚瑟·库斯勒和奥地利精神分析学家西格蒙德·弗洛伊德。这些著名的心理学家、哲学家和作家能够左右其他人的想法，让他们不假思索地加入进来。但他们不是怪人，而是按照20世纪公认的科学标准严肃对待自己作品的诚挚的人，不过他们没有任何正统实验支持。

到了20世纪30年代，高校和杂志都开始认真对待通灵经历。杜克大学从牛津大学和哈佛大学聘用了心理学家威廉·麦克杜格尔，由他带头建立实验室研究通灵力量。至少有两本学术期刊发表文章支持动物有透视力的观点，一篇研究有心灵感应的猫，另一篇是母马通过鼻子识别字母和数字积木来说明通灵信息。[196]

约瑟夫和妻子路易莎·莱茵在《异常与社会心理学》杂志上发表了一篇关于马的研究的文章。他们指出："所有发现都符合（心灵感应），任何其他假设都站不住脚。"[197]也许受到亚瑟·卡农·多伊尔关于心灵感应讲座的启发，莱茵夫妇遵循福尔摩斯在小说《四签名》中的名言："消除一切其他因素，剩下的就是真相。"事实上，问题就在于要知道什么时候已经没有可消除的因素了。

这让我想起大卫·奥伯恩戏剧中一句荒谬的台词，这个戏剧是几年前流行起来的，剧中数学家哈尔正在研究数学定理证据，他说他无

法找出这个证据的错误，所以它就是对的。这在逻辑上相当于说如果这不对，那么就能找到错误。英国作家路易斯·卡罗尔的柴郡猫可能会坏笑着赞同。他曾说过，狗没有疯，而他不是狗，所以他得出结论说他疯了。这种逻辑只会在小说故事中发生。

超感知觉的核心是超心理学家所说的超心理（Psi）现象。Psi是希腊字母表中的第23个字母，读音与"psyche（心智）"的第一个音节相似，指无法用已知的自然法则来解释的心灵交互。20世纪的科学哲学家查尔斯·邓巴·布罗德认为，超心理现象的存在与关于空间、时间和因果关系的科学法则相冲突。他1949年在《哲学》杂志上发表的论文提出了9点理由，认为超心理现象与传统推理和自然法则相冲突。[198]超心理现象的支持者承认这种现象完全不符合现代物理学，但他们接受这种矛盾冲突。莱茵指出，与超心理现象的调查结果相比，相对论更具革命性，和当代思想完全对立。[199]

1937年，罗纳德·艾尔默·费希尔出版了一本书，内容关于通过科学实验设计，用严谨的数值测量来区分巧合和可靠预测的结果。[200]他的目的并不是反驳超感知觉，而是通过原始数据，手把手地教我们如何接受或排除巧合。

费希尔在书中编撰了一个英国茶会的故事。茶会中无意中听到一位女士说她可以根据味道判断她杯中是先放牛奶还是先放茶。毫无疑问，这需要有非常敏锐的味觉辨别力。费希尔在书中设计了一个可行的实验。在现实世界中，我们或许会完全相信她说的话，不过从更合理的数学模型角度来说，我们倾向于更灵活，认为很多时候她能够区分是先放牛奶还是先放茶叶。费希尔明白，即使是很多时候会发生的事件也可能发生在纯粹随机的情况下。费希尔的真正意图是设计实验，注意主观错误，但他同时也关注理想数学和现实世界中不完美实验之间的联系。

实验中共有8杯茶，其中4杯先放牛奶，后放茶；4杯先放茶，后放牛奶。显然，如果那位女士能说对8杯茶的顺序，那么实验者就会相信她的确可以分辨。但是如果她有一杯说错了呢？这是否与她的话相矛盾？或许不是，但如果她错了两个呢？

可以用数学来确定结果。这位女士信誓旦旦，没有给自己留有一点出错的余地。（如果我们经常不把话说这么满，世界不就完美了吗？）毕竟，在开始几次尝试之后，她的味蕾会发生变化，牛奶分子也会变化。先放牛奶或是先放茶造成的差别非常细微，为了公平起见，我们最好不要太较真，允许她犯少量错误。[201]

现代统计学始于19世纪后期。其前提是随机变量分布在一系列可能性上。声称能够区分先放牛奶还是先放茶的女士和声称可以预测胎儿性别的具有透视眼的人不同。他们所声称的本质在于区分随机猜测和真正的透视能力。毕竟，胎儿的性别是随机决定的，猜测也是如此。那位告诉我们可以分辨不同茶的味道的女士依靠的是她的味蕾和对自己能够品尝出不同味道的自信心。

我们视巧合为被超能力设计的命中注定。我们怀疑两个复杂现象之间的相关性。而真正的问题是，我们自然而然地倾向于在没有关联的事物间建立联系。

这就是概率和统计的本质。我们会犯错，而统计数据允许一定量的变通。统计方法非常精妙。费希尔认为，统计证实可以证明受质疑的事实。他写道：[202]

　　在考虑实验设计是否适合时，往往需要预测实验所有可能的结果，并需明确如何阐释各种实验结果。而且我们必须知道这个解释的理论依据。

如果从统计学角度确认超能力现象，这是一种很好的理性研究。但是迄今为止关于超能力现象唯一的统计学实证研究结果严重依赖笔误、无意识的感官反应和很大的偶然性。在我们看到合理的统计学证

实之前，超能力现象仍属于魔法世界，科学家仍认为这是巧合，是魔法师的魔法棒发挥作用的结果。魔术师可以给观众带来迷惑人心的表演，这些表演似乎与物理定律相矛盾——悬浮的身体，用锋利的军刀刺穿身体，从远处猜扑克牌——但我们知道这些都是骗人的把戏。

有人要我们不要质疑通灵术从一个大脑传到另一个大脑的过程。如果科学能发言，它会要求说明大脑中的电化学活动如何转化为能穿越空间的原始数据信号，这些信号又如何再转化为神经元中的电化学活动。美国人口遗传学家乔治·普莱斯曾嘲讽地描述超能力现象如何传递一副扑克牌中某张特定牌的信息：除了神灵、幽灵或者不管叫什么灵，谁也无法合理解释这些细节。那张牌是神灵选择的。神灵用适当的电化学形式将信息植入脑中。当神灵与特定的人一起工作时，这种能力就会消失。总而言之，超能力虽然披着科学的外衣，但仍然充满了魔法的痕迹。[203]

要求我们不去质疑真相，就是要求我们接受魔法、奇迹或是超自然作为解释。除了魔术师表演的把戏之外，"魔术"这个词指的是源自超自然能力的巧合，是违抗既定物理规律的力量。舞台上的表演者把围巾变成白色的兔子。魔术师霍迪尼的把戏藐视了物理法则的识别力，他还对超感知觉概念不屑一顾。[204]

超距作用常态

16世纪时，人们努力从亚里士多德的物理准则中理解普遍规律。亚里士多德认为，宇宙中一切运动着的物体都将回到自然位置。在艾萨克·牛顿发现万有引力定律之前，人的命运与天体的运动有关。牛顿让我们了解到，苹果下落的原因和行星相互吸引的原因相同。人的命运和天体的运动不再联系在一起。牛顿出生时，《钦定版圣经》第一版宣称：太阳升起又下落，回到它升起的地方。风向南吹，又转向北方。它不停地盘旋，最后按照它的路线回到原点。所有河流流入大海；但大海却不会满溢；河流继续流到河流出发的地方，然后再流入大海。[205]

在弥尔顿的《失乐园》中，上帝派天使拉斐尔下到伊甸园去劝诫亚当并揭穿撒旦的身份。夏娃摆上伊甸园最好的水果和肉款待拉斐尔，餐桌上亚当询问拉斐尔世界怎么形成的，行星如何运动等问题。拉斐尔解释说：[206]

> …… 天国
> 如你面前的《圣书》所说，
> 是可以读书学习的地方，
> 可以了解它的四季、年月日时，
> 以确定是天国或地球运动……
>
> 之后，
> 当他们想模仿天国
> 计算星球，
> 他们如何控制
> 这强大的体系，
> 如何在地球上
> 勾画同心圆、离心圆和轨道……

弥尔顿刚好在1665年大瘟疫袭击伦敦之前完成了《失乐园》，当时牛顿离开了剑桥，回到他孩提时所住的伍尔索普村避难，在那里他发现了万有引力定律，是万有引力致使行星在轨道内运动和苹果坠落。

但到了18世纪后期，重力开始被认为是物质的属性：两个物体相互吸引，因为它们相隔一定的距离，并且包含着一定量的物质。他们具有一定的"量"而相互吸引。牛顿认为万有引力是一种依赖于与其他物体的关系的现象。一个孤立的物体不具有万有引力，但是当另一个物体靠近时，它会对对方展现吸引力，对方也会回以吸引力。

普遍的科学观点认为宇宙的运行有一定的法则。然而，与行星的运动不同，生物法则依靠的变量太多，难以给出完美的解释。苹果从树上掉下来，这一现象遵循牛顿简单的运动定律，但苹果本身是由大量非常复杂的分子集合而成，而分子又是由大量复杂的原子相互吸引组合而成。

我们现在生活的这个世纪，超距作用很正常。而在20世纪，随着广播电视的发展，声音和图像信号奇迹般地穿过几乎空荡荡的空间，随着无线电波传输数千英里远。我们已经习惯手机和WIFI，不会去质疑信息的来源和去向。我们不再质疑超距作用的新形式，它们眨眼之间就能把画面和声音从北京传到纽约。要想简单了解这一切是怎么发生的，就想想一个人的声音是如何被另一个人听到的吧。

数学家克里斯托弗·塞曼曾向我展示过耳朵的工作原理模型。在一间大房间中紧紧系上一根绳子（图14.1）。在绳子的一端绑上几根长度不等的吊绳。在每根吊绳的末端挂上重两磅的砝码。在紧绷的绳子的另一端挂上同等重量的砝码，砝码顺序随机。当整个装置都静止不动时，小心拉动任一砝码，然后松手。结果会怎样？除了整个装置轻微的运动之外，只有两个悬挂的砝码运动比较明显：两个吊绳长度相等的砝码。为什么？因为被拉动的砝码将频率传递给了紧绷的绳子，从而使任何（但仅仅是）有共振频率的悬挂砝码产生共振。

图14.1　共振频率模型

这个小实验没什么新奇。钢琴调音师每天都会使用这个原理，通过敲击相邻八度音阶的琴键来调节某个八度音阶的琴键。任何一个音符的泛音都来自具有共鸣频率的钢琴弦的振动。

这正是人耳的工作原理。俄罗斯女中音歌唱家奥尔加·博洛迪纳正在演唱歌剧《狄多和埃涅阿斯》中《狄多的悲歌》咏叹调：当我躺在地上……她从喉咙大声唱出音符，引起嘴巴前方的空气振动。这些振动穿过剧院，传到观众的耳朵。耳蜗中的纤毛与气流产生共鸣。运动的纤毛形成流体运动，转换成了电信号，从而激发了听者的听觉神经。

古代的人们一定会思考，在没有任何设备连接的情况下，一个人的声音是如何传到另一地方的人的耳朵里去的呢？我孩提时的漫画英雄是迪克·崔西，我对他有手表可视电话感到惊讶和怀疑。现在迪克的手表已是昨天的技术——只不过是可视电话而已，没什么大不了。我们甚至没有注意我们的手机信号是如何穿过空间的，或者我们的电子邮件是如何在几秒钟内从地球一侧传到另一侧。

在罗尔德·达尔的《查理和巧克力工厂》电影中，当旺卡先生向麦克·蒂维展示他的伟大发明时，他并没有因这种现象而慌乱。

"啊！"他说。"我第一次看到电视播放节目时有了一个奇想。'看！'我喊道，'如果这些人能把一张照片分解成几百万片碎片，然后将这些碎片迅速地穿过空中，最后传到另一端再合成一张照片，为什么我不能用巧克力做同样的事情？为什么我不能将巧克力揉成小块穿过空中，然后传送到另一端再合成一块巧克力，以供享用？'"[207]

可想而知，旺卡先生在理解超距作用方面已遥遥领先，甚至可能在万有理论的理解上都已处于领先位置。

没有原因的巧合

超距作用是超感知觉的核心。人类确实拥有除了常见的五感之外的其他感官。对此我并不感到惊讶。有些人对大气压力非常敏感，有

些人对队列感觉敏锐，可能有些人对无线电波很敏感。对此我毫不怀疑。但是，从这种敏感性到编码信息、将信息从一个人传递给另一个人的能力，这中间还有很长的路要走。

假设我们不会滥用地球资源直至自我毁灭的地步，我们现在正处于人类存在的初期阶段。我们也必须承认，我们对于物理学和自然界的理解仍处于初级阶段。我们有各种理论，但是距离我们发现万有理论的边界还有很长的一段时间，或许几千年，或许我们永远无法做到。但是，对于科学发现的解释一直在进步。

第十五章

高文爵士与绿衣骑士

> 曾经有一个人星期五在宽阔的蓝色大海中丢失了一枚钻石袖扣，
>
> 20年后的同一天，他正在吃鱼，但鱼里没有钻石袖扣。
>
> 这就是我喜欢的巧合。
>
> —— 弗拉基米尔·纳博科夫《黑暗中的笑声》[208]

在现实生活中，偶然发生的低概率事件就像一生只会有一次，不过人们一辈子倒是会赢得两次、三次，甚至四次彩票。在民间传说、传奇故事和小说中，经常发生更为离奇罕见的事。这些故事总是有违概率，因为故事作者总是乐于让我们忘记所相信的事。

侥幸和巧合往往模糊了事实和虚构之间的区别。在民间传说、传奇故事和文学中，我们倾向于暂停对理性的信仰，以便进入一个不属于我们的虚幻世界，在那里我们如幽灵般地观察虚幻世界中讲述的关于人类的故事。就像大多数虚构小说一样，这里的故事充满巧合和侥幸，通过画面原型向我们展示我们到底是谁。

上面的讽刺短诗来自纳博科夫，蕴含了他的智慧。短诗并不长，但阅读时发现，我们期望会发生什么，但事情并未发生。纳博科夫挑起我们的期望，暗示有惊喜，但结尾却说："这就是我喜欢的巧合。"这就是小说！在小说中，任何事情都可能发生。

短诗告诉我们什么是真正的巧合。巧合是意外，而在这里意外就是没有意外。惊喜是故事的基本结构元素，而巧合，从定义上讲，总是带有惊喜。人类学家告诉我们，人类自能用最简单的语言讲故事时

就开始讲故事。世界上每一种文化都有儿童故事。这些故事可能包含现实中的真相,但正是丰富的想象力使故事得以流传。传奇英雄故事尤其会利用各种巧合使人物碰面。

许多年前,当我在巴黎学习的时候,我在阿尔贝酒店住了一个星期,该酒店位于狭窄的于塞特街和竖琴街的拐角处。现在该酒店已发展成四星级酒店,但当时酒店又脏又乱,只有一台破旧的单人电梯,房间狭小,床垫松软,只有公共浴室有温水。附近住的都是没什么朋友的穷学生。街道几米之外是于塞特剧院,正在上映的是尤金·尤涅斯库的戏剧《秃头歌女》。我沿着街道朝前走,在莎士比亚公司找到了该剧的英语版图书。花一法郎多次看书和剧是我学习法语的方法,这比粗略理解语言的方法要好得多。

根据我的统计,这部剧中有13次虚构的巧合。伊丽莎白和唐纳德·马丁在宴会上相遇。他们并不认识对方,但都认为以前曾经在某个地方见过。唐纳德问他们是否曾在曼彻斯特偶遇过,他于五周前乘坐早上8:30的火车离开了曼彻斯特。伊丽莎白也是。对话在马丁一系列的幻影般的巧合中继续。最后马丁发现他们曾住在同一公寓的同一楼层的同一间卧室。他们睡在同一张床上!伊丽莎白惊呆了!她说,他们有可能头一天晚上在唐纳德的房间遇到过,虽然她想不起来了。然后唐纳德告诉她,他有一个两岁的女儿,金发碧眼,名叫爱丽丝。她很漂亮,眼睛一白一红。伊丽莎白对此非常惊讶,这太巧了,因为她也有一个两岁的女儿,名叫爱丽丝,她也很漂亮,眼睛也是一白一红。[209]显然,这个戏剧很荒谬,巧合也非常不合理。

小说中的巧合与现实生活中的巧合不同。在小说中,作者是巧合发生的原因。有时不论是差小说或是好小说,作者会无意中安排巧合——情节中突然出现偶遇。无论是不是作者的意图,这些巧合都会带来各种各样不同的理解。[210]

传奇故事

14世纪后半期的经典诗歌《高文爵士与绿衣骑士》的羊皮纸手抄本陈列在大英图书馆。这是一首浪漫诗，是一个关于忠诚和礼仪的故事。作者自己明确地告诉我们，"这是亚瑟王和圆桌骑士的一次奇异冒险"。[211]它描述了一系列的情景，诗歌中至少有一次惊人的巧合。

故事发生在新年前夕。这就是一个巧合，因为就像过年辞旧迎新一样，绿衣骑士准备死后再复活。亚瑟王与众圆桌骑士们正在宫廷大殿中庆祝15天的元旦。但在新年前夕，有着"世人无可比拟的身高"的绿衣骑士骑着绿色战马，背着绿色战斧闯入了在亚瑟王宫廷举办的宴会。

> 随着音乐停止，
> 第一道菜刚端上桌不久，
> 一个可怕的人从大厅门前走了进来，
> 他的身材高于常人；
> 身体结实强壮，
> 四肢粗又长，
> 看上去像一个巨人，
> 但他只是一个凡人。
> 只有像他这样威武之身才能跨上那匹骏马；
> 他的胸脯和肩膀宽阔，腰部线条优美，
> 形象完美无缺。
> 大家对他的装束感到讶异，
> 因为他像骑士一样骑着战马，
> 却是绿色裹身。[212]

绿衣骑士对圆桌骑士们发起了骇人的挑战，看谁敢用他的绿色战斧一下砍掉他的头颅。他接着提出了一个要求：挑战成功的人必须在明年元旦前夕前往绿色教堂（距离宫廷三天的路程），届时他也要在脖子上挨一斧头。一个古怪绝望的故事！

假如你没听过这个故事，我不会泄露结局。高文爵士一斧头斩下了绿衣骑士的头颅。他是一名圆桌骑士。你以为他做不到？绿衣骑士的脑袋滚到地上，鲜血四溅。绿衣骑士的身躯喷出鲜血，但他却冷静地捡起头颅，拿起血迹斑斑的战斧，跨上骏马扬长而去。他的头颅上嘴唇张合，提醒着高文后续的挑战——

> 高文，你要去兑现你的诺言，
> 按照路线寻找，直到找到我，
> 就像你在这些众人面前宣誓的那样。
> 我命令你来绿色教堂，
> 接受我的一斧头，就像你砍了我一样，
> 在新年的早晨，你会得到该得到的一切。[213]

所以，圣诞节前几天，高文爵士前往寻找绿色教堂。这时我们开始接触这个故事的魔力。你以为高文会有充足的时间去了解绿色教堂，或者至少知道教堂在哪里。但不是！他跨上战马格林格莱特，虽然根本不知道教堂在哪里，但却直指威尔士前进。他一路询问遇到的每个人，但没有人知道绿色教堂。

> 他一路前行，询问路人，
> 是否知道绿衣骑士，
> 是否知道绿色教堂，
> 所有人都回答说，不知道，
> 他们从未见过着绿装的人。
> 高文长途跋涉，翻山越岭，
> 在看到绿色教堂时，已是物是人非。[214]

接下来便是主要的巧合：圣诞节前夕，高文爵士迷失在一片宽广的森林中。他祈求圣母玛利亚给他一处栖身，然后魔术般地（虽然高文可能会说："受上帝指引"）一个跟跄来到了一座雄伟城堡前。巨人似的城堡主人和夫人盛情款待，让他感到宾至如归。高文写道，城堡夫人比亚瑟王妻子格温尼维尔还要美。元旦前三天，主人每天白天去狩猎，黄昏时才回来。在头两个早晨，这位美丽的城堡夫人偷偷走到高文的床边，伺机引诱他。高文没有动摇，第一天礼节性地吻了夫人一下作为回礼，第二天同样礼节性地吻了两次作为回礼。多么了不起的人啊！他第二天就要被砍头了。我们谁可以做到如此纯洁无暇？

元旦前夕，城堡夫人坚持要送给高文一枚贵重的戒指作为礼物。高文知道接受这样的礼物就意味着屈服投降，成为她的骑士，违背骑士精神。他拒绝了。夫人又送给了高文一条镶有金色蕾丝的绿色腰带。高文准备拒绝，夫人说：“只要系上这条绿色腰带就可以刀枪不入。”高文怎么能不接受这条腰带呢？

这个故事远没有结束，最终高文的所有磨难都是考验他。最后我们发现城堡的主人就是绿衣骑士。绿衣骑士砍了三斧，第三次时只在高文脖子上擦破了点皮，几乎没有留下伤痕。

故事要说明什么呢？绿色教堂距离城堡仅3千米。但高文却可能走了约60千米才到城堡。[215]为什么是60千米？诗里提到高文往北威尔士前行。传说中亚瑟王的宫殿可能在英国的任何地方。但是研究亚瑟王的著名学者威廉·雷蒙约翰斯顿·巴伦声称，在这首诗歌中，高文从柴郡和斯塔福德郡的边界处出发，通过谷歌地图查询，这之间最短的距离大约60千米。幸运的是，高文从亚瑟王宫殿出发时并不知道绿色教堂在哪里，只能向北威尔士方向前进，之后意外发现自己距离目标只有3千米。

这是一个巨大的巧合。试想一下如果你是高文会怎样。这是一个被精心设计的巧合，作家们经常用这些巧合来推动剧情，使得特定情形合理化发展。这是传奇故事写作常见又必需的手法。作者不得不让高文迷失在森林中，然后意外地（或凭借上帝力量）发现那座雄伟的城堡。如果高文知道路，他就会知道城堡。如果他知道城堡，他很有可能知道城堡主人。这个故事的魅力在于高文不认识城堡主人。原谅

我刚刚剧透了故事的结局。这是一个非常古老却又典型的西方故事。东方故事有些不同。东方民间传说中充满着神秘而神奇的巧合故事，如印度教精神领袖古鲁，藏族僧侣和其他更常见的文学作品中的贤人的故事。

西方的民间传说也是如此，但常常带有宗教色彩。西方文化中的民间传说和宗教之间的界限很模糊，宗教故事旨在展示上帝的意志。有关于犹太基督教圣人、希腊祭司和主要宗教先知的故事。例如，希腊祭司讲述的巧合故事来自合理可信的历史著作和希腊传说。普鲁塔克、色诺芬和迪奥多罗斯等希腊历史学家关于祭司的作品就十分真实。有趣的是，几乎所有登记在册的祭司都巧合地正确预测了未来。当然，就像任何成功的占卜师一样，为了使信徒相信祭司拥有无可非议的权力，这些预言措辞都比较含糊。

民间传说是人类关注周围陌生与熟悉环境的原始心理描述。它是帮助我们的祖先在可怕的荒野中生存下来的根本动力之一。承认并强调巧合的存在以提醒大家，什么事情都有可能发生。它为传奇故事添上了色彩，让我们面对真实发生的事件，无论是好事还是坏事，让我们更能感受到民间传说中英雄每天的历险。

民间传说就像过滤器，滤掉了故事和现实之间的分割线。身体疾病——失明、跛足和驼背——在小说中神奇地治愈，以展示神、巫师或自称能传达神灵意志的人的力量。科学、逻辑和理性因天命而避而不谈，只能通过一系列巧合来解释。民间传说使我们更加意识到巧合发生的可能性。中国民间相信红绳子带来的命运：每个刚出生的孩子的一只脚踝都系有一根常人看不见的红绳，而红绳的另一端则系在孩子未来配偶的脚踝上。月老决定着命运，是他把这根红绳系起来，永远不会解开。这是东方关于命中注定的传说：一个人如要找到他或她注定的另一半，必须经历一系列的巧合。曾经红绳子命运的传说听上去似乎有一定的真实性。那个时候，人们不愿远离家乡，村里的人联系密切。媒妁之言，父母之命。孩子们的婚姻由父母决定。这种说法不像今天这样依靠巧合，现在的命运红绳出奇地长，而且纠缠不清。

　　"锡兰国的三王子"通常被用来指好运气。事实上，现代英语serendipity（走运）一词的释义就是源自"锡兰国的三王子"这个童话故事名称。该故事最初出版于威尼斯，1557年由波斯语和乌尔都语翻译成意大利语。故事来自印度德里的阿米尔·库斯鲁14世纪初写的《八大乐园》。这个故事本身可能更古老一些，很可能基于5世纪波斯国王巴赫拉姆五世的经历写的。我们从第四代牛津伯爵霍勒斯·沃波尔那知道了这个故事，他当时是古文物研究者和著名作家。根据斯里兰卡史学家、研究斯里兰卡（当时的锡兰）英国殖民时期的专家和《牛津英语词典》的编纂人理查德·波义尔的研究，正是沃波尔声称他偶然看到了《锡兰国的三王子》这个荒唐可笑的神话故事。[216] 自12世纪末以来这个故事在欧洲流传。故事有很多版本，称为谜语诗，包括《国王与三兄弟》《三个儿子的遗产》《贝都因人沙滩脚印解读记》《聪明的三兄弟》《所罗门王与三兄弟》《所罗门王与三个金球》。[217] 故事讲述三兄弟在乡下闲逛时意外发现谜语，最终机智破解。正如我们将在故事中看到的那样，这些事件的发生非常巧合。根据波义尔的说法，沃波尔在1754年1月28日给霍勒斯·曼的信中写道：这三兄弟非常聪明，不断意外发现了他们并没刻意寻找的东西。[218]《牛津英语词典》因此收入了serendipity这一名词词条，意指：

　　多件好事情意外侥幸地发生发展：走运。

　　这三王子可能是巴赫拉姆五世或者加法尔的儿子。而Serendip（有时拼写为Sarendip）是斯里兰卡古时的名字。[219]

　　故事是这样开头的：[220]

　　在远古时代，远东地区的塞伦迪波有一位名叫加法尔的伟大国王。他有三个极为珍视的儿子。作为一个好父亲，他非常关心孩子的教育，决定不仅要使他们拥有强大的权力，还要使他们拥有王子必备的各种美德。[221]

因此，加法尔将他的儿子们从他的王国驱逐出去，以便使他们除书本知识之外还能获得一些处事本领。儿子们来到强大的比拉摩王国。在那里，他们多次历险，根据观察和推论获得了很多新发现。他们遭遇的第一件事是三兄弟遇到了一个赶骆驼的人，他拦住三兄弟，问他们是否看到了他失踪的骆驼。三兄弟说没有看到。但为了炫耀他们的智慧，三兄弟问了赶骆驼的人三个问题。骆驼的右眼失明了吗？它是不是掉了一颗牙？它是不是有一条腿跛了？是的，丢失的骆驼确实患有这些疾病。所以三兄弟告诉赶骆驼的人，他们在路上看见一只这样的骆驼。赶骆驼的人急忙沿路冲过去找骆驼。骆驼没找到，他再次遇到了三兄弟，三兄弟告诉他，那只骆驼一边驮了黄油，另一边驮着蜂蜜，一名孕妇骑着它。这时赶骆驼的人开始怀疑三兄弟偷了他的骆驼。故事让我们猜测为什么赶骆驼的人会怀疑这三兄弟。这很荒唐。我们只能推测，三兄弟这么了解骆驼的情况，他们肯定见过这只骆驼，既然没有找到骆驼，那么一定是三兄弟把它偷走了。

赶骆驼的人把三兄弟带到一个地方法官的面前。三兄弟发誓，他们从来没有见过这只骆驼。当法官质疑他们怎么可能这么了解这只骆驼时，三兄弟承认他们观察到了一些线索（不是他们刻意寻找的），通过线索碰巧推断出与事实相符的一些重要细节。最后骆驼找到了，三兄弟被要求说明他们是如何推断出骆驼的特征的。在欧洲流传的故事丢失的是骡子，而印度丢失的是大象。

三兄弟的解释很荒唐。他们猜测骆驼的右眼失明是因为他们发现马路左边的草被吃掉了，而右边的没动。他们猜测骆驼掉了一颗牙是因为骆驼每咬一口草都留下一小缕未动。他们猜测骆驼一边驮着黄油，另一边驮着蜂蜜，是因为他们发现马路一边是苍蝇飞舞，而另一边是蜜蜂盘旋。路上留下的脚印表明骆驼是拖着一只腿走路的。那孕妇呢？三兄弟声称，当他们路上看到一个女人的脚印时有了情欲，情欲？太荒唐了！这里的重点在于，从一开始，三兄弟只有在遇见赶骆驼的人之后发现的事情才是相互关联的。换句话说，他们意外发现了一些本来没想到会有用的一些事情。在赶骆驼的人告诉三兄弟他的骆驼失踪了之前，他们并没有在找失踪的骆驼。[222]

　　是的，这是一个意外的例子，但它也是一个巧合的例子，一个充满异国风情的有趣的故事。在遇见赶骆驼的人之前，是什么将这些细致的观察关联在一起呢？可能是他们非常注意观察周围的环境，因此自然而然地注意到了身边发生的一切——草地、苍蝇、蜜蜂和路上的记号——以期以后会需要这些信息。但另外一种可能是，他们根据敏锐的观察做了大胆的猜测。在苍蝇飞舞的道路边，草地被一块块啃掉的原因有多种。赶骆驼的人丢失的骆驼具有三兄弟所描述的所有特征，这似乎更像是运用才智推理出来的巧合。

小说中巧合的意义

　　约翰·皮尔和乔斯·安杰尔·加西亚在他们的《理论化叙事》一书中给出了巧合的定义：[223]

　　　　"Coincidence"指意外发生的事件，即两个事件的交集，不可预见且（似乎）无法解释，但却显然有意义，有时甚至指两个因果链或前面故事引入的没有因果关系的一系列事件。

　　这个定义包含因果链，不一定非是直接的因果关系。但发生的一连串找不到原因的意外事件使任何巧合都变得真实，增加了惊喜的效果。这个定义也明确要求小说中的巧合应该是有意义的。

　　通过故事情节需要的环境，小说中的人物往往没有明显原因就在空间和时间上相互交织。人物之间在确切时空交集之前可能已经建立了某种关系。这种旧的关系不一定是相遇。可能是过去的一夜情，一次好感，某些敌意，或者只是学校初识。如果识别每个人物对情节的重要性没有意义，巧合的"会面"也没有多大用处。以前的关系与实际会面之间应该看起来没有因果关系，否则，叙述看到陌生人带来的巧合的惊喜就会失去理想效果。故事中延时认出对方是一种策略。我

怀疑当作者故意使用这种策略时，他们希望将个人角色的身份置于更大的情节中，创造情感上的冲击。

我推测，有时作者潜意识中会描述一些小细节、事件、象征性的隐喻或场景，结果它们比作者想要的更有意义。可以说，这与作者人生中的几个潜意识方面有关。也可以说，正如现实生活中，如六度分隔理论所述，我们都联系在一起，最终每个人都以说不清的理由联系在一起。弗洛伊德和荣格对此很有话说。这种例子很多。我的作品中也有很多这种无意识的细节描述。它们是巧合吗？或只是从潜意识里逃出来的词语？有人可能会认为，这种潜意识不是没有明显因果关系的同时发生的意外事件；但也可以说，书上的文字来自潜意识和意识的共同作用。

在文学中，意识会有滞后。阅读陀斯妥耶夫斯基的《罪与罚》，读到拉斯科利尼科夫用斧头砍死老太太的紧要关头。我们一边读会一边想，斧头在小说中发挥了什么作用？为什么陀思妥耶夫斯基决定用斧子而不是枪或者用棍棒打死老太太？如果使用别的武器，读者心里会有不同的反应。斧头致死的内涵与激烈搏斗致死决然不同。它在读者心中留下不同的情绪和形象：一个是可怕的血淋淋的尸体，一个是瞬间死亡。换句话说，如果这位老太太以其他方式被杀，读者对犯罪行为的印象就会大相径庭。或者，陀斯妥耶夫斯基选择斧头可能只是他写作时突然想到的。我们可以问绿衣骑士同一个问题：为什么要用笨重的绿色斧头而不用利剑？

再如当代作品中的例子保罗·阿斯特尔的《月亮宫》，书中的讲述者马可·斯坦利·福格经历了各种巧合。那些巧合看起来太荒谬了，马可自己都不敢相信。马克过了几个星期身无分文、食不果腹的日子，睡在纽约中央公园的灌木丛中，在濒临死亡之际刚好被一位朋友发现。康复后，马可看到了哥伦比亚大学学生就业中心印刷在索引卡上的招聘广告，他应聘成功。该工作招聘一名陪住护工，照顾脾气臭、年岁已老的盲人托马斯·埃芬。几个月后，托马斯开始准备自己的讣文，请马可帮他记录。早在1916年时，托马斯名叫朱利安·巴伯，讣文从那时开始写起，当时朱利安觉得自己必须离开精神紊乱的妻子。

朱利安来到犹他州一个偏远的地区，偶然发现了一个隐士的山洞，里面有许多食物，舒适的家具，还有几把装了子弹的来福枪。他发现隐士不久前死于枪伤，并且和自己面貌相似。因此，他埋葬了隐士，计划以新的身份开始新的生活。他在山洞里过了一个冬天。春天的时候，一位叫乔治的人来访。乔治嘴巴长得很丑。他以为朱利安就是他的隐士朋友。乔治告诉朱利安，火车大盗格雷沙姆三兄弟正在来山洞的路上。朱利安怀疑这个团伙杀害了隐士。等这三兄弟到达时，朱利安枪杀了他们，带着他们的两万美元赃款逃走了。他改名托马斯·埃芬，回到了文明社会，得知妻子在他去犹他州之前就已经怀孕了。他的儿子所罗门·巴伯长大后成为美国中西部一所大学的美国历史学教授。我们知道所罗门一直以为他的父亲死于犹他州的一次事故。我们也知道所罗门在被爆出和他的一名学生发生关系的丑闻后被解雇了。这名年轻的学生消失了，12年后被一辆公共汽车撞死了。托马斯死后，马可写信给所罗门，告诉他他的父亲已经死了，给他留下了一大笔钱。所罗门在纽约见到了马可。下面是他们的一段对话：

"我曾认识一个叫福格的人，"（所罗门）最后说，"那是很久以前。"

"这个名字不常见，"（马可）说，"不过我们身边有几个叫这个名字的。"

"这个福格是我40多岁时带的学生。那时我才刚刚开始教学。"

"你记得他的全名吗？"

"记得，不是男生，是个女生，叫艾米丽·福格。她是我在美国教历史课时的大一新生。"

"你知道她是哪里人吗？"

"芝加哥。应该是芝加哥人。"

"我妈妈也叫艾米丽，她也来自芝加哥。是不是同一个城市的同一所大学里有两个艾米丽·福格？"

"有可能，但我觉得可能性不大。两个人太相似了。你走进房间的那一

刻，我就看见了她的影子。"

"又一个巧合，"（马可）说。"世间充满巧合。"

……

"你母亲是一位美丽又聪明的女孩。我记得很清楚。"[224]

现实生活中，人们可能会质疑这个可能性。但是这是一个虚构的故事，没有确切的公式可以计算出马可的故事围绕着这样一个巨大的巧合发生的可能性。不过可采用一些调查法缩小巧合范围。小说具有真实生活没有的优势，即精心构建的情节和特定的背景。为使《月亮宫》中最令人惊讶的巧合看起来真实，故事发生的背景必须是大城市。这种选择并不多。如果选择纽约，那么也就自然选择该市的哥伦比亚大学了。范围急剧缩小到了纽约附近——以116号街和百老汇为中心的一英里范围内，包括不同方向和大量可能性。

在真实生活中，这个问题就是：纽约有多少年轻人从未见过自己的父亲，却在去年偶然与父亲相遇？如果我们调查住在纽约市的所有年轻人，可能会看到至少十几个人举手。那些人可能没有写厚厚的回忆录，但他们的巧合可以写成非常吸引人的故事。他们告诉我们，他们是如何走运地遇到自己的父亲。大都市人口众多，人与人之间存在千丝万缕的联系，事件同时发生的机会很多。纽约提供了一个连接过去、现在和将来的偶然相遇的网格，我们只有通过了解人口的庞大和人与人之间错综复杂的联系来理解这一网格。

我怀疑，如果我们质疑著名小说家在作品中构建的一些特殊事件，他们会告诉我们，有些场景是由当时的巧合构建的。但是现在有一种心理学家称之为启动效应的现象，指我们的行为和情绪都会受到近期经历的影响。例如，你在进行S__P单词填空，如果你刚刚洗过手，你很可能会填写SOAP（香皂）；如果你刚刚吃了晚饭，你很可能会写SOUP（汤）。因此，我们的理解可能来自我们看到的单词与我们最直接的经验之间的巧合。人生就是这样。我们的思想和行动受经历影响，而命运却用各种各样的方式来改变和扰乱这一平衡。

后　记

　　我们认为世界很小，不过就是街坊四邻、朋友和去过的地方；但有时我们又觉得世界很大，如同从飞机舷窗俯瞰到的英格兰中西部各郡，或者美国缅因州无边的森林。世界令我们晕眩，不知道该如何面对生活中发生的诸多巧合。我们在异地与朋友偶遇时觉得世界就像一座小城；我们（世界上所有的彩民）买彩票中大奖时又觉得世界奇大无比。

　　世界很大。人们成群聚集，相互交织，不止在地域上，而且在时空上也有千丝万缕的联系。因此，看上去似乎不可能发生的事情却发生了，是因为这些事件发生的可能性很大。事件同时发生只是偶然吗？或者我们只是用偶然来作为无知的借口？当我们寻找原因时，可能看不到原因。但如果继续调查分析，原因就会浮出水面。

　　除佩尔西·戴康尼斯和弗雷德里克·莫斯特勒之外，很少有人采用数学解释巧合的规律性。佩尔西·戴康尼斯和弗雷德里克·莫斯特勒的理论表明，许多我们认为奇怪的巧合只是发生在时间跨度小和人口基数大的情况下。任何时刻都可能有大量事件发生，其中也有很多是同时发生的事件。伦敦帝国理工大学的数学家大卫·汉德从另一个新颖的角度理解巧合。他的著作《不可能性定律》集合了大量互为支撑协调的概率定理，解释了为什么很多不可能的事件必然发生。该定律更多采用的是定性而非定量描述，没有用数值表示不可能性。但是书中集合的概率定理却采用了统计描述，证明不可能的事情比我们预期的更常发生。例如，书中论述了汉德所称的必然性定理，指的是"如

果你将所有可能的结果都列出来，那么其中有一个必然发生"。[225]

我还得举一个巧合例子，这样就可以使读者不再纠结巧合。6600万年前，一颗彗星极速撞向地球的尤卡坦半岛附近，形成了一个180千米宽的陨石坑。[226]根据美国国家航空和航天局的调查，我们现在非常了解彗星的构成成分，知道撞向地球的是彗星，不是之前以为的小行星。古生物学者、地质学家和天文学家一直在争论是什么导致全球气候的变化，从而使恐龙灭绝。有一种学说认为，彗星的爆炸几乎杀死了所有我们称为恐龙的大型类蜥蜴爬行动物和70％的其他动物和植物。暴露在爆炸时的红外线照射下的生物几乎瞬间死掉。幸存的生物物种，在接下来的6600万年，其生活环境必定非常糟糕，要经历漫长的核冬天（指核武器爆炸引起的全球性气温下降）。

彗星不同于小行星。它们的化学成分不同，但最重要的是 —— 不像小行星 —— 彗星有固定的运行轨迹。它们可以在轨道上运行数百万年而不撞上任何东西。但当彗星足够靠近另一个物质时，万有引力会稍微扰乱它的运行轨迹。可能100万年后彗星更加靠近这一物质。上面的例子发生在6600万年前，设想如果彗星轨迹距地球只有1000米之遥，结果会怎样呢？从天文学角度来说1000米微不足道，但对于相近的物质却是很遥远。到下一个运行周期附近的物质会变得更小，对地球的牵引力将更小。正是这种轨道巧合导致大量物种灭绝，并幸运地产生了我们人类。一切发生在瞬间数米之间。现在我们生活在地球上。我交由您来判断这是巧合、侥幸还是上帝的旨意。

注 释

引 言

[1]　托马斯·瓦吉什首次在一本关于维多利亚时期文学的文艺评论著作中引进这个定义。详见：托马斯·瓦吉什：《维多利亚时期小说的美学》（弗吉尼亚州夏洛茨维尔：弗吉尼亚大学出版社，1985），P7。

[2]　《韦伯斯特国际英语词典》（第三版，完整版）。

[3]　尼尔·福赛斯：神奇的环环相扣：狄更斯和巧合，《现代语言学》，第 83 卷，第二册，1985 年 11 月，PP151—165。

第一章

[4]　罗伯特·菲亚拉是普瑞特艺术学院媒体艺术的教授，优秀的艺术家，我的一位要好的大学朋友，不幸于 2009 年去世。

[5]　当时在苏格兰"土豆之夜"指酒吧免费提供餐食（通常只有炸土豆）以躲避午夜停止营业的规定。餐馆允许午夜后继续营业。

[6]　《道德经》老子著，第 73 章，威廉·斯科特·威尔逊译（波士顿：shambhala 出版社，2010），P39。

[7]　沃尔特·惠特曼：《民主远景》，弗尔瑟姆编，爱荷华大学出版社：爱荷华州埃姆斯，2010，PP67—68。

第二章

[8]　查尔斯·狄更斯：《荒凉山庄》，伦敦：华兹华斯经典出版社，1993，P189。

［9］　亚历山大·伍尔科特：《罗马在燃烧》，纽约：维京出版社，1934，PP21—23。

［10］　在阅读伍尔科特的故事讲述时，有一瞬间我甚至觉得可能是查尔斯·阿尔伯特·科里斯搞的恶作剧，是他趁着安妮转头看巴黎圣母院的时候迅速在扉页上写的字。伍尔科特说："安妮在四处张望时有一刻是安静的，然后查尔斯·阿尔伯特·科里斯突然声音紧张地打破了沉默，毕竟他知道安妮孩提时代就知道了这本书。"

［11］　C.G. 荣格，《同步性：非因果关系原则》，普林斯顿，新泽西：普林斯顿大学出版社，1960，P22。

［12］　同上，P28。

［13］　这里有些夸大。确定是一个小时吗？又或者只是一刻钟？我调查发现几乎所有的巧合故事都存在这种典型的现象。

［14］　卡米耶·弗拉马里翁：《天启》，纽约：哈珀 & 罗出版社，1900，P194。

［15］　同上，P194.

［16］　这是当时最权威的书。19 世纪末期这本书因其细节描述非常有名，到处可以买到。

［17］　卡米耶·弗拉马里翁：《大气：大众气象学》，巴黎：阿歇特出版社，1888，P510。

［18］　同上，《天启》，P192。

［19］　沃德·希尔·拉蒙：《亚伯拉罕·林肯回忆录 1864—1865》（坎布里奇，马萨诸塞：大学出版社，1911），P116—120。

［20］　我的女儿小时候睡觉会梦游，因此我知道夜晚看到一个梦游者是多么恐怖的事情。

［21］　吉迪恩·威尔斯和埃德加·撒迪厄斯·威尔斯，《吉迪恩·威尔斯日志》，第二卷，波士顿：霍顿米夫林出版社，1911，P283。

［22］　弗雷德里克·W·苏华德：《林肯的最后时光回忆录》，莱斯利周报，1909，P10。

［23］　这个概率的计算很复杂。普杜大学的斯蒂芬·塞缪尔斯和乔治·麦凯布曾计算过同一个人两次中彩票的可能性。他们声称，在美国 7 年内同一个人两次彩票中奖的可能性超过 50%。4 个月内

中奖两次的概率是 1 : 30。我做此注释是因为我没有见过实际的计算过程。具体计算请参考佩尔西·戴康尼斯和弗雷德里克·莫斯特勒的论文《巧合研究方法》。

第三章

[24]　亚瑟·库斯勒:《产婆蟾蜍案例分析》,纽约 : Vintage 出版社,1971,P13。

[25]　引用译本请见:马丁·普利默和布莱恩·金,《巧合之上: 巧合故事及其背后的秘密》,纽约: 圣马丁,2006,P52—53。

[26]　保罗·卡墨勒:《连续性法则》(柏林 : Deutsche Verlag–Anstalt 出版社,1919),P93。

[27]　保罗·卡墨勒:《连续性法则》(柏林 : Deutsche Verlag–Anstalt 出版社,1919),P93。

[28]　同上,荣格,P105。

[29]　C.A. 麦耶编著,大卫·罗斯科译,《原子和原型: 保利 / 荣格的通信》,PP193—1958,普林斯顿,新泽西: 普林斯顿大学出版社,2001,xxxviii。

[30]　同上,C.G. 荣格,《共时性》,P14。

[31]　卡德 C.R.1991a 和 1991b,"C.G. 荣格和沃尔夫冈·保利的原型观",《心理视角》24 卷(春季—夏季): 第 19—33 页,25 卷(秋季—冬季):PP52—69。

[32]　大卫·皮特:《共时性: 事情和心智的桥梁》,纽约:Bantam 出版社,1987,P17—18。

[33]　杰夫 A (1965):《记忆,梦和反思》。纽约:Vintage Books 出版社。

[34]　约瑟夫·坎伯瑞:《共时性: 互通的自然界和心灵》,大学城,德克萨斯: 德克萨斯 A&M 大学出版社,2009,P12。

第四章

[35]　卡尔 G. 荣格:《荣格论共时性和超自然现象》,伦敦:Routledge 出版社,P8。

[36]　我选用这个号码是因为它可能是我的家乡佛蒙特州的彩票中奖号码。

第五章

[37]　这本书约 100 年以后才出版。见奥雷·奥斯丁:《卡尔达诺: 赌博达人》,普林斯顿, 新泽西: 普林斯顿大学出版社, 1953 (或纽约: 多佛, 1965)。需要指出的是奥雷在这本书中首次提出卡尔达诺在数学概率论上的贡献。请见欧内斯特·纳格尔刊登在《科学美国人》上的《卡尔达诺: 赌博达人》书评, 1953 年 6 月。

[38]　用文字表述为: 观察到的概率 k/N 和数学概率 p 之差小于所选的小数字 ε, 随着 N 增大, 概率 P 接近于 1。

[39]　伽利略 G. (约 1620 年):《骰子的发现》。E.H. 索恩译, 摘录于 F.N. 大卫:《游戏、神灵和赌博: 概率和统计学思想综述: 从最初到牛顿时期》, 纽约:Hafner 出版社, 1962 年, PP192—195。

[40]　约瑟夫·马祖尔:《几分运气? 赌徒错觉的历史、数学和心理》(普林斯顿, 新泽西: 普林斯顿大学出版社, 2010), P27。

[41]　首次出版于 1663 年。

[42]　原始信件见:《费尔马著作集》, 塔内里和亨利编, 第二卷, 巴黎, 1894 年, PP288—314。信件译文请见: 大卫尤金史密斯,《数学源语》, 纽约: 多佛, 1959, P424。

[43]　帕斯卡尔清楚, 计算非双 6 的概率更容易, 即 35/36。他也肯定清楚两个独立事件共同发生的概率等于单个事件两两概率之积, 因此抛 n 次中非双 6 的概率为 $(35/36)^n$。他计算得出 $(35/36)^{24}=0.509$, $(35/36)^{25}=0.494$, 从而得出结论, 抛 24 次骰子中双 6 的概率稍小于 50%, 抛 25 次中双 6 的概率稍大于 50%。

[44]　$1 - (35/36)^{24} < 1/2$, 但 $1 - (35/36)^{25} > 1/2$。

[45]　这是因为第一个骰子抛出任何一点的概率为 1, 这毫无疑问。如果第一骰子点数为 2, 其他 4 个骰子也必须点数为 2。这个概率为 $\left(\frac{1}{6}\right)^4$, 或 1296 次中有一次概率。

[46]　详见 https://www.youtube.com/watch? v=EDauz38xV9w 的

Numberfile video（数字文件录像）。

[47] 斯蒂芬 M. 施蒂格勒:《统计学历史: 1900 年前不确定性的测量》。坎布里奇，马萨诸塞州: 哈佛大学出版社，1986，P64—65。

[48] 自 1713 年出版后，伯努利定理经历了一系列的完善。

[49] 作为证据，请见沃伦·韦佛:《幸运女神: 概率论》，花园城市，纽约: 道尔布迪出版社，1963 年，PP232—233。

[50] 雅各布·伯努利，《猜度术》，伊迪丝·达德利·西拉译，巴尔的摩: 约翰斯·霍普金斯，2006，P339。

[51] 斯蒂芬 M. 施蒂格勒:《统计学历史: 1900 年前不确定性的测量》，坎布里奇译，马萨诸塞州: 哈佛大学出版社，1986，P77。

[52] 同上，伯努利，P329。

[53] 约翰·阿尔伯特·惠勒:"我的回忆录"《国家科学院》第 51 卷，1980，第 110 页。引语原文为"上帝不玩骰子"，出现在爱因斯坦写给马克思·玻恩的信中。详见 A. 爱因斯坦:《阿尔伯特·爱因斯坦和马克思·玻恩书信集，1916—1955》，慕尼黑:Mymphenburg 出版社（1969 年），PP129—130。

[54] 罗伯特·奥特:《万有理论》，纽约:Pi 出版社，2006 年，P84。

[55] 同上，马祖尔，P129—130。

[56] 同上，伯努利，P101。

[57] 关于概率论还有另一篇重要的著作。1708 年法国数学家皮耶·黑蒙·德蒙马特出版了论文《机会游戏分析》。

[58] 卡尔达诺的《论机会游戏》写于 16 世纪，于 1663 年出版，而惠更斯的《机会游戏论证》出版于 1657 年。但是中世纪有一首诗歌《数字棋》（De Vetula，据说作者为理查德·富尔尼瓦），诗中简单描述了抛骰子（3 个骰子）中有哪些组合，而这种方法没有提到任何期望值。

[59] 该引用出现在伊迪丝·达德利·西拉的伯努利《猜度术》译本第 132 页。惠更斯的《机会游戏论证》作为《猜度术》第一部分再版。它的确于 1657 年作为附录出现在法兰斯·斯霍滕的数学练习册上。惠更斯的《机会游戏论证》不会与卡尔达诺的《论机会游戏》相混淆，后者只是一本赌博数学指南。

第六章

[60]　3% 的数据丢失。

[61]　维克托·格雷奇、查尔斯·萨沃纳·文图拉和 P. 瓦萨罗 – 阿西乌斯：欧洲和北美出生婴儿性别比例差异之谜，《英国医学杂志》，第 324 卷（7344）：2002 年 4 月 27 日。

[62]　该图来自沃尔夫拉姆数学软件（Wolfram Mathematica）赞助的交互演示网站。

[63]　佩尔西·戴康尼斯，苏珊·霍尔姆斯和理查德·蒙哥马利：抛硬币中的动力偏差，《SIAM 杂志》，49（2）（2000），PP211—235。

第七章

[64]　弗雷德里克·莫斯特勒，斯蒂芬 E. 费恩伯格和大卫 C. 霍格林编：《弗雷德里克·莫斯特勒论文选集》（纽约：斯普林格出版社，2006 年），P620。

[65]　罗伯特·西吉尔和安德里亚·许："面对健康危机，治愈概率抓不住什么？"《全盘考虑：美国公共广播电台节目》（风险和推理系列），2014 年 7 月 21 日。

[66]　公路英里数依据为美国交通部和联邦公路管理局，土地面积依据为美国农林局。

[67]　在 100 次轮盘赌红色为赢的游戏中，你只可能赢 47 次而不是 50 次，这看上去有点奇怪，但这是因为 $p < q$，所以最高概率偏离了均值。

[68]　同上，马祖尔，P104。

[69]　但是为了将图放在一页上，横轴按比例缩小后如图 7.2。

[70]　据说早期关于这个三角的报道始于印度人 Halaydha 的著作，他曾写过关于《印度教圣典》的评论，发现该三角的对角总和等于后来所作的斐波纳契数列。我没有看过补充证据证明在那么早的时期就出现过那种三角，不过可能真存在。如果真是这样，肯定没有考虑这个结构公式，或许只是列出了一些有用的行数。

[71]　彼得鲁斯·阿皮亚努斯是德国人类学者、数学家和天文学家。见

D.E. 史密斯：《数学的历史》，纽约：多佛，1958 年，P508。

[72] 同上，马祖尔。

[73] 首先，我们移动整个图使得其最高点为中心点 O，图的面积不变，信息完整，只是图代表的是红色对黑色递增或递减的概率分布。再次修订图，我们水平方向将原图缩小到 $\frac{1}{5}$；同时水平方向将图增大 5 倍，放大曲线图。5 倍来自 $\sqrt{Npq}$，其中 N 指轮盘次数，p 指得红色概率，q 指没有得到红色的概率。准确数值为 4.99307。为方便起见约等于 5。

[74] 首先必须严格移动曲线图，使均值为 50。然后必须计算出标量，从而根据标量横向缩小，纵向增大曲线图。移动的关键要知道游戏轮数为 100。

[75] 标量为 $\sqrt{Npq}$，其中 N 指轮盘次数，p 指成功概率，q 指失败的概率（$q=1-p$）。换句话说，本次红色为赢的游戏标量为

$$\sqrt{100\left(\frac{9}{10}\right)\left(\frac{10}{19}\right)}=4.99307，或约等于 5。$$

[76] 我们所做的缩小放大可简单地视为将变量 x 和 y 变成新的变量 X 和 Y。首先 $X=x-a$，表示将原来的图向右严格移动 a 个单位。$X=x/b$，表示将原图水平方向缩小 $\frac{1}{b}$ 倍，然后 $Y=cy$，表示将原图垂直方向放大 c 倍。最后我们得到一个关于 X 和 Y 的新的曲线图。对于 p 接近于 q 的二项式频率分布，我们通过公式 $X=\dfrac{x-\left(\frac{N}{2}+Np+\frac{1}{2}\right)}{\sqrt{Npq}}$ 将 x 转换成 X。

[77] $Y=\dfrac{1}{\sqrt{2\pi}}e^{\frac{-X^2}{2}}$ 描绘的曲线图称为标准正态分布，与 de Moivre 和 Laplace 所说的完全一致。结果来自正态分布公式 $y=\dfrac{1}{\sigma\sqrt{2\pi}}e^{-\frac{1}{2}\left(\frac{x-\mu}{\sigma}\right)^2}$，当 $\mu=0$，$\sigma^2=1$（μ 指均值，$\sigma^2=1$ 指标准方差）。

[78] 图的公式为 $Y=\dfrac{1}{\sqrt{2\pi}}e^{\frac{-X^2}{2}}$

[79] 卡尔·皮尔森：《进化中死的概率及其他》，伦敦：Edward Arnold 出版社，1897，P45。

[80] 我们在讨论摩纳哥的轮盘赌游戏。美国的轮盘赌和欧洲的不同，前者包括两个口袋，标为 00 和 0。但是抛硬币游戏相似——00 视为红色和黑色。

[81] 同上，皮尔森，P55。

[82] 同上，皮尔森，P62。

[83] 同上，皮尔森，P55。

[84] 沃伦韦弗:《幸运女神：概率论》，花园城市，纽约:Doubleday 出版社，1963 年，P282。

[85] 约翰·斯卡尼:《斯卡尼博彩指南》，纽约：西蒙 & 舒斯特出版社，1961 年，P24。

第八章

[86] E.H. 麦金尼:"生日问题概述"，《美国数学月刊》，1996 年，73:385—387。

[87] 感谢布鲁斯·莱文提供的数据。转自：布鲁斯·莱文:"多项累积函数表示法"，《统计学年鉴》，9，（1981），P1123—1126。

[88] 佩尔西·戴康尼斯给出了适合布鲁斯·莱文曲线图的近似值。函数为 $N \approx 47（k–1.5）3/2$。

[89] 理查德·冯·米塞斯:"*Ueber Aufteilungs-und Besetzungs-Wahrscheinlichkeiten*"，*Rev. Fac. Sci. Univ. Istanbul*，4，（1939），145—163。

[90] 挑选 N 次后，两次抽到同一数字的概率 $P（N）$ 是多少？答案是 $P(N)=\prod_{k=1}^{N-1}\left(1-\dfrac{k}{365}\right)$，首先求出两边的自然对数，$\ln(p(N))=\sum_{k=1}^{N-1}\ln\left(1-\dfrac{k}{365}\right)$。由于 $\ln(1+x)\approx x$，得出右边每次约为 $-k/365$，因此公式右边变成 $-\dfrac{1}{365}\sum_{k=1}^{N-1}k\approx-\dfrac{1}{365}\dfrac{N(N-1)}{2}$，即 $\dfrac{-N^2}{730}$。因此 $\ln(P(N))\approx\dfrac{-N^2}{730}$。$N\approx\sqrt{2(365)\left(-\ln(P(N))\right)}$，$P=1/2$，所以 $N\approx22.49$。

[91] $N \approx \sqrt{2(9999)(-\ln(.5))} \approx \sqrt{2(9999)(-\ln(1/2))} \approx 1.18\sqrt{9999} \approx 118$。

[92] 取 等 式 $\frac{1}{2} = (364/365)^N$ 两 边 的 自 然 对 数 后 得 出

$$N = \frac{\ln(1/2)}{\ln(364/365)} = 252.65 。$$

[93] 计 算 等 式 为 $\frac{1}{2} = \left(\frac{7299}{7300}\right)^N$ 。取 等 式 两 边 自 然 对 数 ，得 出

$$N = \frac{\ln(1/2)}{\ln(7299/7300)} = 5104.65 。$$

[94] 敲的各键之间相互独立，没有关联。但是根据键盘上的各键的位置，有些键比其他键的可能性更大。

[95] 概率 $P = \left(1 - (1/26)^5\right)^N$ 。

[96] 埃米尔·波雷尔：*"Mécanique Statistique et Irréversibilité,"* J. Phys. 5e série，vol. 3，1913，PP189—196。

[97] 詹姆斯·琼斯将军：《神秘的宇宙》。纽约：麦克米伦，1930:4。

[98] 达伦·维石特·亨利：《钢铁的狂想：打字机的零星史》，纽约：康奈尔大学出版社，2007，P192。

第九章

[99] 同上，伍尔科特，P23。

[100] 一般棋盘游戏骰子上的凹点是从骰子各面直接凿出来的。每个凹点深度一致，因此骰子 6 点的凿面会比 1 点的凿面轻。这种骰子带有欺骗性，因为骰子偏向点数更多的面。要制作公正公平的骰子，骰子各面凿出来的材质重量要相等。各点的漆料也要均匀一致。

[101] 水平方向时颜色会均匀。垂直方向时由于压力差颜色会逐级渐变，因此垂直方向颜色均匀所花的时间更长。深度较浅的瓶子更容易获得均匀的颜色。

[102] 见马克·卡克 1964 年 9 月发表在《科学美国人》上的文章《概率》。

[103] 雅各布·伯努利：《猜度术》，伊迪丝·达德利·西拉译，巴尔的摩：约翰斯·霍普金斯出版社，2006 年，P339。

[104]　威廉·保罗·沃格特和罗伯特·伯克·约翰逊:《统计学方法词典:社会科学非技术性指南》,第四版,加利福尼亚千橡市:SAGE 出版社,2011,P374。

[105]　同上,P217。

[106]　达雷尔·赫夫:《统计学会撒谎》,纽约:诺顿出版社,1993 年,PP100—101。

[107]　盖理·陶布斯:"我们真的了解健康之道?"《纽约时报》,2007 年9 月 16 日。

[108]　J.H. 班尼特 (编):《统计推断与分析:与 R.A 费希尔通信选集》(牛津:牛津大学出版社,1989)。

[109]　保罗·D 施托利:"天才的错误:R.A. 费希尔和肺癌之争",《美国传染病学杂志》,第 133 卷,1991 年第 5 期。

[110]　R.A. 费希尔:《论文集》第 1 卷,J.H. 班内特编 (澳大利亚阿德莱德:澳大利亚南部阿德莱德大学:Coudrey Offset 出版社,1974年),P557—561。

[111]　罗纳德 A. 费希尔:(《自然》的"读者投书栏目"),"癌症与吸烟",《自然》第 182 期,1958 年 8 月 30 日。

[112]　同上,施托利。

[113]　罗纳德 A. 费希尔爵士:"香烟、癌症和统计学",《百年回顾》,第2 卷,P151–166 页 (1958 年)。

[114]　玛西亚·安吉尔和杰罗姆·卡西勒:"临床研究——公众应该相信什么?"《新英格兰医学杂志》第 331 期 (1994),P189—90。

[115]　盖理·陶布斯:"我们真的了解健康之道?"《纽约时报》,2007 年9 月 16 日。

[116]　塞缪尔·阿贝斯曼:《事实的半衰期:为什么任何东西都有有效期?》,[纽约:科伦特 (current) 出版社,2012],P7。

第十章

[117]　同上,伍尔科特,P23。

[118]　弗朗西斯科是继马尔科和安德里亚后意大利最受欢迎的名字,排名第三。曼努埃尔不在西班牙最常用人名的前 100 位中。

[119] 事实上，玛利亚、劳拉、玛尔塔和保尔比曼努埃尔常用得多，所以乘以 16 是保守计算。

[120] 从弗拉马里翁的故事描述中，我们不清楚这些校样是他正在写的书还是已经完成的书。

[121] 同上，马祖尔，P177—178。

[122] 见纳撒尼尔·里奇："全世界最幸运的女人"，《哈珀杂志》，2011年 8 月。里奇这一数据来源于将近 100 万次计算。正确的赔率是 $2×10^{30}$: 1。

第十一章

[123] 沃伦·戈德斯坦：《保护人文精神：犹太律法关于道德社会的愿景》，以色列耶路撒冷：菲尔德埃姆出版社，2006，P269.

[124] 迈克尔 R. 布朗维奇，调查组组长，HPD 取证室独立调查报告，2006 年 5 月 11 日至 2014 年 8 月 22 日内容见网址：http://www.hpdlabinvestigation.org.

[125] 托拜厄斯·琼斯："意大利凶杀案之谜"，《卫报》，2015 年 1 月 8 日。

[126] 威廉 C. 汤普森、弗朗哥·塔罗尼、科林·G.G.艾特肯："误判概率如何影响 DNA 证据价值"，《司法科学杂志》，第 48 卷，第 1 期，2003 年 1 月，P47—54。

[127] 同上。威廉 C. 汤普森、弗朗哥·塔罗尼、科林·G.G.艾特肯，P47。

[128] 美国国家科学院报告："加强美国法庭科学：未来之路"（2009 ）。

[129] 斯宾塞 S. 许："法官宣布桑塔·特里布尔在 1978 年谋杀案中无罪，驳回 DNA 毛发证据"，《华盛顿邮报》，2012 年 12 月 14 日。

[130] 美国国家科学院报告，P160。

[131] 同上，赖默尔。

[132] 《昭雪计划》关于桑塔·特里布尔的报道见 http://www.innocenceproject.org/cases-false-imprisonment/santae-tribble。

[133] 同上。加勒特，P86。

[134] 美国国家科学院报告，P86。

［135］ 同上。加勒特，P101。

［136］ 分别来自母亲和父亲的染色体含有同一基因的不同变体，基因组的大小通常被认为是一组染色体碱基的数量。

［137］ 引自伊利诺伊州库克县的美国州检察官安妮塔·阿尔瓦雷斯。她与该案件没有任何关系。

［138］ 特丽莎·梅里：《我是中央公园的慢跑者：关于希望和可能性的故事》，纽约：斯克里布纳，2004，P108。

［139］ 同上，梅里，P6—7。

［140］ 杰德 S. 拉克夫："为什么无罪的人认罪"，《纽约书评》，2014.11.20/14 卷，NO.18，PP16–18。

［141］ 来自美国国家研究委员会的 2014 年报告。

［142］ 希瑟·韦斯特，威廉·萨博和萨拉·格林曼："2009 年囚犯"，2011 年 10 月 27 日更新。美国司法部，美国司法统计局，2009；劳伦·E. 格莱兹和艾琳·J. 赫伯曼，美国司法统计局：美国人口修正，2012 和表 1.1（2013），详见 http://www.bjs.gov/content/pub/pdf/cpus12.pdf；托德 D. 明顿，美国司法统计局，2012 年中监狱人数——统计表 1（2013），参见 http://1.usa.gov/1JdzSHH.

［143］ 2010 年整个联邦和州刑事司法体系共开支 260 533 129 000 美元，其中包括审判诉讼费（561 亿美元）、治安维护奥利弗费（1242 亿美元）、修正费（802.4 亿美元）。

［144］ 奥利弗·罗德尔，劳伦－布鲁克·艾森和茉莉娅·鲍林："什么使犯罪率下降？"纽约大学法学院布瑞楠司法中心，研究报告，2015。

［145］ NAACP 法律辩护和教育基金：司法刑事项目季度报告。截至 2014 年 1 月 1 日，美国监狱死刑犯总人数为 3070 人。其中被告种族如下：白人 1323 人，黑人 1284 人，拉丁美洲人 388 人，美洲原住民 30 人，亚洲人 44 人。

［146］ NAACP 法律辩护基金："美国死刑犯"（2014 年 1 月 1 日）。

［147］ 梅曼，R.J. 和史蒂曼，R.J.（1992）：《美国宪法：简介和案例分析》，圣路易斯，MO：麦格劳希尔出版社，1992，P35。

［148］ 卡斯 R 桑斯坦："改进的父亲"，《纽约书评》，2014 年 6 月 5 日，

14 卷，NO.10，P8。

[149]　引自美国司法统计局："1968—2012 年的死刑"。NAACP 法律辩护和教育基金，2013 和 2014 年"美国死刑犯"。

[150]　同上，桑斯坦，P10。

[151]　项目报告："再议嫌疑犯辨认队列：目击者为什么会犯错，如何降低误认可能性"。《昭雪计划报告》，（2009），P17。

[152]　布兰登 L. 加勒特：《无辜定罪：刑事诉讼哪里出错了？》，马萨诸塞州剑桥：哈佛大学出版社，2011，P5。

[153]　同上，昭雪计划，P5。

[154]　密歇根大学法学院全国平反登记处和西北大学法学院冤假错案中心。详见 http://www.law.umich.edu/special/exoneration/Pages/browse.aspx。

[155]　据说查尔斯·海因斯就是这样做的。他是布鲁克林地方检察官，被指控在贾巴尔·柯林斯的免罪听证会上犯有这些错误。贾巴尔被迫承认谋杀罪，已坐牢 16 年。纽约市为此赔偿受害者 1000 万美元。见斯蒂芬妮·克利福德："纽约市因误判赔偿受害者 1000 万美元"，《纽约时报》，2014 年 8 月 19 日。

[156]　沃伦·戈德斯坦：《捍卫人权：道德社会犹太律法前景》，以色列耶路撒冷：菲尔德海姆出版社，2006，P269。

第十二章

[157]　巴斯德·瓦勒里 – 拉多编：《巴斯德作品集》第 7 卷，法国巴黎：马森出版社，1939，P131。

[158]　杰勒德·尼尔伦伯格：《创造性思维的艺术》，纽约：西蒙 & 舒斯特出版社，1986，P201。

[159]　布鲁斯 W. 林肯：《午夜阳光：圣彼得堡和现代俄罗斯的兴起》，哥伦比亚博尔德尔：基础出版社，2002，PP150—151。

[160]　维克托 E. 普林和 W.J. 威尔特希尔：《X 光：过去和现在》，伦敦：E. 本出版社，1927。

[161]　伦琴认为 X 射线是看不见的。实际上，X 射线能发出蓝灰色

光。见 K.D. 斯泰德利："辐射光",《视觉研究》,第 30 卷,1990,P1139—1143。

[162] W.R. 尼特克:《X 射线发现者威廉·康拉德·伦琴的一生》,图森:亚利桑那大学出版社,1971。

[163] 芭芭拉·戈德史密斯:《痴迷的天才:居里夫人的精神世界》,纽约:诺顿出版社,2005,P64。

[164] 漫画"笑一笑",《生活》,1896 年 2 月。

[165] 劳伦斯 K. 罗素:诗歌"生命",P27:1896 年 3 月 12 日。

[166] 同上,戈德史密斯,P65。

[167] 霍华德 H. 赛利格:"威廉·康拉德·伦琴和光",《今日物理》,1995 年 11 月,P25—31。

[168] "X 射线的 50 年",《自然》,156,P531(1945 年 11 月 3 日)。

[169] H.J.W. 丹:"摄影的新发现",《麦克卢尔杂志》,第 6 卷第 5 期,1896 年 4 月。麦克卢尔在 1929 年金融危机中破产。幸运的是,"古腾堡项目"将《麦克卢尔》所有文章都以电子书存档。

[170] J. 麦肯齐·戴维森:"新型摄影术",《柳叶刀》74,第九卷:795,875,(1896 年 3 月 21 日)。

[171] 《自然》,53:274(1896 年 1 月 23 日)。

[172] 奥托·格拉瑟:《威廉·康拉德·伦琴及其早期射线研究》,旧金山:诺曼出版社,1993,P47—51.

[173] 电影"原子物理学",J. 亚瑟·兰克公司出品,1948 年。

[174] 源自法国杜埃市里尔大学科学学院院长路易·巴斯德教授的就任演讲,1854 年 12 月 7 日。详见:休斯顿·彼得森主编的《世界精彩演讲集锦》,纽约:西蒙 & 舒斯特出版社,1954,P473。

[175] 艾萨克·牛顿、H.W. 特恩布尔主编:《艾萨克·牛顿信件集》第 1 卷,1661—1675,剑桥:剑桥大学出版社,1959,P416。

[176] (索尔兹伯里的)约翰:《元逻辑》,丹尼尔·麦加里译,巴尔的摩:保罗德里出版社,2009,第 167 页。

[177] 史蒂文·温伯格:《湖边景观:世界与宇宙》,剑桥,马萨诸塞州:哈佛大学出版社,2009,P187。

第十三章

[178]　B.F. 斯金纳认为这促使科维尔继续冒险。

[179]　詹姆斯 B. 斯图尔特："征兆",《纽约客》,2008 年 10 月 20 日,
　　　　　P58。

[180]　同上,P63。

[181]　纳尔逊 D. 施瓦兹:"'极简'证券交易人的连环损失",《纽约时报》
　　　　　(2008 年 1 月 25 日)。

[182]　尼克·李森:《流氓交易商》,纽约:时代华纳出版社,1997。

[183]　罗素·贝克:"关键的选择",《纽约书评》,2008 年 11 月 6 日,
　　　　　P4。

[184]　赛斯·斯坦和迈克尔·维瑟逊:《地震学、地震和地球结构概述》,
　　　　　新泽西霍博肯:威利·布莱克威尔出版社,2002,P5—6。

[185]　弗罗林·迪亚库:《巨大的灾难:未来灾难预测研究》,新泽西普林
　　　　　斯顿:普林斯顿大学出版社,2010,P29.

第十四章

[186]　迈克尔·谢尔默:《人们为什么相信怪异之事?》,纽约:亨利·霍
　　　　　特出版社,1997,P69。

[187]　伊丽莎白·吉尔特,《万物的签名》,纽约:维京出版社,2013,
　　　　　P483。

[188]　事实上,发现飞蛙并将它带给华莱士的是一个中国劳工。

[189]　路易斯 A. 科德:《大众心理学百科全书》,韦斯特波特:格林伍德
　　　　　出版社,2005,P182。

[190]　 D.J. 伯恩和 C. 霍诺顿:"世间存在超能力吗? 证据再现:信息传递
　　　　　的异常过程",《心理学刊》115（1994）:P4—8。

[191]　卢尔德·加西亚·纳瓦洛,"阴间来信:一个关于爱情、谋杀和巴
　　　　　西法律的故事",全国公共广播电台新闻（周末版）,2014 年 8
　　　　　月 9 日。

[192]　马丁·加德纳:《以科学之名的狂热和谬论》,纽约:多佛,1957,
　　　　　PP299—307。

[193]　斯坦顿·亚瑟·科布伦茨:《另外的世界:通灵奇境》,温哥华:康
　　　　沃尔出版社,1981:P109—110。

[194]　威尔金斯、休伯特和哈罗德·谢尔曼:《跨越空间:心灵历险记》,
　　　　纽约:汉普顿罗兹出版社,2004,P26—7。

[195]　埃里克·洛德:《科学、心智和奇异体验》,美国北卡罗来纳州罗
　　　　利:卢卢出版社,2009,PP210—211。

[196]　同上,加德纳,P351。

[197]　J.B. 莱茵和 L.E. 莱茵:"马的'读心术'调查",《异常与社会心理
　　　　学》,第 23 卷（4）(1929):P449。

[198]　布罗德 C.D:"超心理学和哲学的相关性",《哲学》24:91（1949）:
　　　　PP291—309。

[199]　约瑟夫·班克斯·莱茵:《心灵世界》,伦敦:费伯出版社,1953,
　　　　P80。

[200]　最初源自罗纳德·埃尔默·费希尔的《实验设计》,伦敦:奥利
　　　　弗 & 博伊德出版社,1937 年。也可见罗纳德·埃尔默·费希尔
　　　　的《统计方法、实验设计和科学推理》,牛津:牛津大学出版社,
　　　　1990,P11—18。

[201]　费希尔的文章的确论述的是实验设计和主观错误问题,但这里主
　　　　要为了明确数学和实验之间的关系。

[202]　同上,费希尔,P12。

[203]　乔治 R. 普赖斯:"科学和超能力",《科学》(新版),第 122 卷,
　　　　NO.3165（1955 年 8 月 26 日）:P359—367。

[204]　H. 霍迪尼:《神灵巫师》,纽约:哈珀出版社,1924 年,P138。

[205]　《传道书 1》:PP5—7。

[206]　约翰·弥尔顿:《移动的弥尔顿》,道格拉斯·布什编,纽约:维京
　　　　出版社,1961,PP416—7。

[207]　罗尔德·达尔:《查理和巧克力工厂》,纽约:班塔姆出版社,
　　　　1973,P137。

第十五章

[208]　弗拉基米尔·纳巴科夫:《黑暗中的笑声》,纽约:新方向出版社,
2006。

[209]　尤金·尤涅斯库:《秃头歌女和其他戏剧》,纽约:格罗夫出版社,
1958,P18。

[210]　希拉里 P. 丹嫩贝格:《巧合和反事实:小说中的时空情节设计》,
内布拉斯加州林肯:内布拉斯加大学出版社,2008,P90。

[211]　译自《高文爵士和绿衣骑士》(佚名)第二节最后一句。布莱
恩·斯托内(译),纽约:企鹅出版社,1974,P22。

[212]　佚名,杰西·韦斯顿(译):《高文爵士和绿衣骑士:亚瑟王时期
的浪漫故事》,伦敦:大卫·纳特,详见 http://d.lib.rochester.edu/
camelot/text/weston–sir–gawain–and–the–green–knight.

[213]　同上,佚名。

[214]　同上,佚名。

[215]　 佚名,威廉·雷蒙德·约翰逊:《高文爵士和绿衣骑士》,英国曼
彻斯特:曼彻斯特大学出版社,2004,P25。

[216]　理查德·波义尔:"锡兰国的三王子",《星期日泰晤士报》,2000
年 7 月 30 日和 8 月 6 日。

[217]　多夫·诺伊、丹·本 – 阿莫斯、艾伦·弗兰克尔:《犹太人的民间
故事》之第 1 卷《西班牙裔犹太人的民间故事》,宾夕法尼亚州费
城:犹太出版社,2006,PP318—19。

[218]　信件是写给美国教育改革家霍勒斯·曼的,是英国男爵、特使沃
波尔而不是霍勒斯·曼将信送到佛罗伦萨的宫廷的。

[219]　罗伯特 K 默顿、艾莲诺·巴伯:《走运:科学社会学和社会语义学
研究》,新泽西普林斯顿:普林斯顿出版社,2003,P3—4。

[220]　同上,波义尔。

[221]　佚名:《锡兰国三王子历险记》,伦敦,切特伍德出版社,1722。

[222]　这个故事的其他版本见伊德里斯·沙赫主编的《世界民间传说:
巧合故事集锦》(伦敦:八边形出版社,1991)和霍华德·金斯科
特和潘迪特·纳特沙·萨斯特里主编的《太阳和南印度民间传说》
(蒙大纳州怀特菲时:凯辛格出版社,2010,P140)。

[223]　福蒂斯·詹尼蒂斯、约翰·皮尔和乔斯·安杰尔·加西亚主编：《理论化叙事》，柏林：沃尔特·德·格鲁伊特出版社，2007，P181。

[224]　保罗·奥斯特：《月亮宫》，纽约：维京出版社，1989，P236—237。

后　记

[225]　大卫·汉德：《不可能性定律：为什么每天都发生巧合、奇迹和罕见事件？》，纽约：科学美国人 / 法勒·施特劳斯和吉鲁出版社，2014，P76。《巧合》和《不可能性定律》这两本书从不同的角度论述巧合，视角独特，互为补充。

[226]　1980 年，物理学家路易斯·阿尔瓦雷斯和他的儿子地质学家沃尔特·阿尔瓦雷斯发现岩石层中含有高浓度化学元素铱，这标志着白垩纪时期的结束。20 世纪 80 年代至 2013 年学界争议不断的学说认为，有一颗巨大的行星撞向地球，给地球造成了很大的影响。2013 年，达特茅斯地球科学系的穆库尔·沙玛和杰森·摩尔在第 44 届月球和行星会议上提交了论文，指出撞向地球的不是行星，而是彗星。

图书在版编目（CIP）数据

巧合 /（美）约瑟夫·马祖尔著；李枚珍译. —长沙：湖南科学技术出版社，2020.7
（数学圈丛书）
书名原文：Fluke:The Math and Myth of Coincidence
ISBN 978-7-5710-0009-7

Ⅰ.①巧…　Ⅱ.①约…②李…　Ⅲ.①数学—通俗读物　Ⅳ.① O1–49

中国版本图书馆 CIP 数据核字（2018）第 269775 号

湖南科学技术出版社独家获得本书简体中文版中国大陆出版发行权
著作权合同登记号：18-2016-068

QIAOHE
巧合

著者	**版次**
（美）约瑟夫·马祖尔	2020 年 7 月第 1 版
译者	**印次**
李枚珍	2020 年 7 月第 1 次印刷
责任编辑	**开本**
吴炜　王燕	880mm×1230mm　1/16
出版发行	**印张**
湖南科学技术出版社	12.75
社址	**字数**
长沙市湘雅路 276 号	200 千字
http://www.hnstp.com	**书号**
湖南科学技术出版社	ISBN 978-7-5710-0009-7
天猫旗舰店网址	**定价**
http://hnkjcbs.tmall.com	65.00 元
印刷	（版权所有·翻印必究）
湖南省汇昌印务有限公司	
厂址	
长沙市开福区东风路福乐巷45号	
邮编	
410003	